EXPLORATION INTO STRUCTURE
OF AGRICULTURAL VOCATIONAL EDUCATION

农业职业教育结构
问题研究

姚永龙 著

江苏大学出版社
JIANGSU UNIVERSITY PRESS

镇 江

图书在版编目(CIP)数据

农业职业教育结构问题研究 / 姚永龙著.—镇江：
江苏大学出版社,2014.11
ISBN 978-7-81130-850-1

Ⅰ.①农… Ⅱ.①姚… Ⅲ.①乡村教育－职业教育－
研究－中国 Ⅳ.①G725

中国版本图书馆 CIP 数据核字(2014)第 260109 号

农业职业教育结构问题研究
Nongye Zhiye Jiaoyu Jiegou Wenti Yanjiu

著　　者/姚永龙
责任编辑/柳　艳
出版发行/江苏大学出版社
地　　址/江苏省镇江市梦溪园巷 30 号(邮编：212003)
电　　话/0511-84446464(传真)
网　　址/http://press.ujs.edu.cn
排　　版/镇江文苑制版印刷有限责任公司
印　　刷/丹阳市兴华印刷厂
经　　销/江苏省新华书店
开　　本/890 mm×1 240 mm　1/32
印　　张/7.375
字　　数/200 千字
版　　次/2014 年 12 月第 1 版　2014 年 12 月第 1 次印刷
书　　号/ISBN 978-7-81130-850-1
定　　价/36.00 元

如有印装质量问题请与本社营销部联系(电话：0511-84440882)

目　录

导　论

改革开放以来,人们对农业劳动力的关注主要在质的方面,这往往是教育界人士就农业教育培训的必要性来谈的,很少有人担心农业劳动力不足的问题。人们普遍的看法是,农村劳动力太多了,相对于农业的实际需求是过剩的。但是,现在情况发生了变化,人们的看法出现了分歧。30多年来,在工业化和城市化的推动下,农村劳动力出现了大规模转移,城乡人口比例和结构出现了根本变化,青壮年农民常年外出做工,农村常住人口的很大一部分是老人、妇女和留守儿童,有人称之为"386199部队"。目前,农村劳动力转移仍在继续,虽然农民进城定居的推动力随着经济增长速度的下降和城市生活费用的上升有所减弱,但是政府的"有形之手"正积极推动农村人口城市化。2014年的政府工作报告中提出,"今后一个时期,着重解决好现有'三个1亿人'问题,促进约1亿农业转移人口落户城镇,改造约1亿人居住的城镇棚户区和城中村,引导约1亿人在中西部地区就近城镇化。"虽然农村人口基数还很庞大,但是老龄化问题严重,且日益加剧,面对这种情况,理论界有两种不同看法。一种是以朱启臻为代表的观点,他担心农业后继无人,认为有必要及早培养农业接班人。① 一种是以柯炳生为代表的观点,他持乐观态度,认为农业人口转移将改善农业资源配置,促进农业规模化经营,劳动力减少可以通过增加资本和技术投入来弥补。② 农业职业教育是培养农民后备力量的教育形式,其向农业生产一线输送人才能否满足实际所需,这涉及农业职业教育宏观结构合理与否的问题。也就是说,农业上"谁来种田"到底是个真问题,还是个伪命题,这是讨论农业职业教育结构问题首先要弄清楚的。

不管"谁来种田"的命题是真是假,农业上需要青壮年劳动力是很少有异议的,问题是青年人愿不愿意留在农业。不少人认为,只要解决农工之间的收入差就行了,这也是他们对"谁来种田"持乐观态度的依据。但是,也有人对此持怀疑态度,韩长赋的观点比较有代表性,他认为,青年人不愿务农不只是嫌收入低,还有一个不容忽视的原因,即他们在生活方式、社会心理、价值观念上游离于农村之外,在心理上对农业、农村和农民缺乏认同。③ 那么,到底青年人扎根农业是不是纯粹市场资源配置的结果,这当中要不要加以思想引导? 如果要引导,又该如何着手? 这又涉及如何办农业职业教育的问题。彭干梓认为,当务之急是发展农业职业教育。④ 但是,农业职业教育一直在进行,每个省都有好几所农校,近年来招生规模都不小,有的学校在校生规模在万人以上,但是,鲜有学生学有所用,毕业后愿意去从

① 朱启臻:《农村劳动力流失与新农村建设》,《调研世界》,2007 年第 10 期。
② 柯炳生:《对发展现代农业中若干问题的认识》,《教学与研究》,2007 年第 10 期。
③ 韩长赋:《统筹解决新生代农民工问题》,《学习时报》,2012 年 7 月 18 日。
④ 彭干梓:《农民职业分化与农村教育观念的变革》,《中国农业教育信息》,1999 年第 2 期。

事农业。有人把职业教育与技能培训看成一回事情，[①]但是也有人认为，农业职业教育不只是传授技能，还有职业价值观的教育，比如，李守福认为，职业教育首先是职业观的教育。在他看来，衡量职业教育成功与否的标准，不仅是看教育的内容，更要看学生为什么而学。学习目的只有和学习内容一致起来，职业教育才有意义。从这个意义上说，培养学生的职业志向有着非同寻常的意义。[②] 那么，当前农业职业教育的重心到底应该放在哪儿？这是需要解决的第三个问题。

农业职业教育是伴随青年人职业成长过程的终身教育，不是止于学校教育，而是延长到务农的实际过程中，青年人能否安心于农业生产，学以致用，这不能不涉及农业经营组织问题。当前有一种倾向，即在议论"谁来种田"时，见物不见人，关注农业经营组织而忽视实际务农的劳动者。在农村社会分化的背景下，农业经营组织也在向多样化方向发展，除了传统的小农经营外，出现了家庭农场、农民专业合作社、专业户乃至农业企业等新型农业经营主体，不少学者在思考到底哪种组织形式才能代表中国农业现代化的发展方向。一般认为，农户经营有很强的适应性，既适合小农经营，又适应规模化经营，如杜志雄、王新志指出的，家庭农场兼有农户经营和适度规模两方面的优势，必将成为农业经营的主要形式。[③] 但也有部分学者认为，农业企业化是我国农业的发展方向，如王希凡和杨学成认为，在我国，农

---

① 比如，《中国百科大辞典》是这样表述的："职业教育是给予学生从事某种职业或生产劳动所需知识技能的教育。"（中国百科大辞典编委会：《中国百科大辞典》，华夏出版社，1990年。）

② 李守福：《职业教育导论》，北京师范大学出版社，2002年。

③ 杜志雄，王新志：《加快家庭农场发展的思考与建议》，《理论探讨》，2013年第4期。

村家庭经营现代化的实质是农户企业化。[①] 胡鞍钢和吴群刚甚至把农业企业化看成是中国农村改革的第二次飞跃。[②] 姑且不谈这些主张孰是孰非,但它们有一个共同的不足,即没有把吸收青年人务农的问题考虑进去,不同的组织形式也是不同的劳务用工形式,工资福利、人际关系、劳动强度等多少存在差别,由此,对青年人的就业吸引力也是不一样的。青年人以什么样的方式务农,是受雇于农业企业,是子承父业接手家庭经营,还是白手起家创业,其面临的困难是不一样的。受雇为农业工人可能存在劳动者权益保护的问题,搞家庭经营可能有资金、技术及能否被乡村社会接纳等方面的难题,由此如果政府要鼓励青年人务农,所要做的工作也是不一样的。目前,国内学者在这一点上也考虑甚少。

本书通过对江苏省的调研,探讨改革开放以来农业职业教育结构的变迁及其深层次矛盾,以此为线索试图回答上述几个问题。同时,借鉴日本的经验。日本是后起的资本主义国家,在工业化过程中也经历了农村人口转移的历史过程,由此所带来的农业劳动力结构性矛盾暴露得更充分,当前发生的农业后继无人的危机就是这一矛盾的总爆发。农业劳动力结构性矛盾必然在农业职业教育结构性矛盾中有所反映。对中日两国农业职业教育结构问题比较研究,并进一步做逻辑推理和理论反思,对重新认识新形势下我国农业劳动力问题无疑是有意义的事情。

---

① 王希凡,杨学成:《试论中国农户企业化》,《中国农村经济》,2004年第5期。

② 胡鞍钢,吴群刚:《中国农村改革的第二次飞跃》,《政策》,2001年第3期。

第一章 农业职业教育结构的基本理论

第一节 职业教育、职业教育结构和农业职业
教育结构

一、职业教育

(一) 技能教育与职业价值观教育

传统上我国把职业教育看成是授人以生产技能的教育形式。我国近代职业教育起源于晚清洋务运动,当时称作实业教育。鸦片战争之后,西方科技及其在生产上的应用让中国人逐渐认识到,科举制下的中国教育满足于封建道统的灌输,而脱离了农工商技艺的传授,实业教育的目的就是要学习"百工之技",用西方之器改造中国的落后面貌。[①] 民国以后,"职业教育"一词逐渐取代了"实业教育",很多人把这两个词互换使用。但是,黄炎培认为它们之间还是有差异的。在他看来,依实业教育(Industrial Education)的本意,只限于工业教育。中文译为实业教育,针对的是农工商等产业类的职业培训。而职业教育

---

① 刘桂林:《中国近代职业教育思想研究》,高等教育出版社,1997年。

（Vocational Education）则包括所有能给人以谋生手段的职业训练，除农工商外，医疗、教育等也在其内。[1]依据黄炎培的解释，实业教育与职业教育差别在于两者服务的口径不同，实业教育只限于产业教育，而职业教育是面向所有职业门类的。但它们在授人以技、让读书人解决生计的问题上是一致的。

新中国成立后，我国一度把"职业教育"与"技术教育"两个概念混同起来。1949年，中国人民政治协商会议通过的《共同纲领》中使用的是"技术教育"，1982年修订的《宪法》中表述的是"职业教育"，1985年《中共中央关于教育体制改革的决定》则称之为"职业技术教育"。[2] 有学者对此提出了异议。彭干梓认为，职业教育与技术教育的内涵是不同的：职业是社会分工形成的，而技术则指一种专门的手段和方法体系；技术教育一般是指以培养能熟练操作工具、机械、设备等生产技术人才为目的的教育，不是独立的教育分支，在各级各类教育中都包括有技术教育的内容，但不能以技术教育代替基础教育、职业教育或高等教育；职业教育是"针对取得某种社会职业资格的教育"。职业资格是一种综合的职业能力，包括思想品德，职业道德，职业的知识、能力、技术、技巧和技能，还包括从事某种职业所必需的实践经验、职业素质，等等。[3] 彭干梓的分析虽然否定了职业教育是单纯传授技术的观点，认为这当中还包含职业态度的培养等诸多方面，但并未脱离授人以谋生技能的范畴。

我国大部分权威辞典也是把职业教育看作技能的教育或职业能力的教育。比如，《中国百科大辞典》是这样表述的："职业教育是给予学生从事某种职业或生产劳动所需知识技能的教

---

①　刘桂林：《中国近代职业教育思想研究》，高等教育出版社，1997年。

②　常晓宝，黄飞：《职业技术教育论》，新华出版社，1992年。

③　彭干梓：《农村职业技术教育概论》，农业出版社，1993年。

育。"①《教育大辞典》则认为："职业教育有两层含义,一是狭义的,二是广义的,前者是仅指培养技术工人类的职业技能教育,后者泛指为谋取或保持职业而准备、养成或增进从业者的知识、机能、态度的教育和训练,不仅包括机能性的,还包括技术性的,与职业技术教育同义。"②

有学者对上述把职业教育局限为传授职业技能的思想提出了批评,认为职业教育首先是树立职业价值观,其次才是传授技能。其中李守福的观点具有代表性,他认为衡量职业教育成功与否的标准,不仅是看教育的内容,更要看学生为什么而学,学习目的只有和学习内容一致,职业教育才有意义。"虽然人们习惯上将传授某种职业所需要的知识、技能、态度的教育视为职业教育,但实际上不全面。这是因为学习某种职业所需的知识、技能、态度的人的目的不一定就是为了从事该职业的缘故。从这个意义上说,职业教育是以传授某一种职业所需的知识、技术、态度等为主要内容的,以培养职业人为目的的教育。职业教育有一个培养职业人的问题。要将一开始就有明确目标、有计划地实施教育的职业和先接受普通教育就职后直接从事工作逐渐掌握职业知识、技能、态度而成为职业人的职业加以区别。"③

杨贤江认为,教育的目的在于指导青年生活目标,培养他们德智体全面发展的"完全人格",使青年成为"中国社会改进上适用的人才"。④ 他批评有的人对生产劳动有不正确的看法,认为‘我国读书人向来以不事生产为高尚",⑤"把肉体劳动当作卑

①　中国百科大辞典编委会:《中国百科大辞典》,华夏出版社,1990 年。

②　顾明远:《教育大辞典》(增订合编本),上海教育出版社,1998 年。

③　李守福:《职业教育导论》,北京师范大学出版社,2002 年。

④　吴洪成:《杨贤江教育学——一位现代教育家的事业与思想研究》,内蒙古大学出版社,2009 年。

⑤　杨贤江:《学生新生活》,中央教育科学研究所、厦门大学:《杨贤江教育文集》,教育科学出版社,1982 年。

贱的苦役看待"。① 所以,教育首先是让受教育者形成正确的劳动观。"我相信做人要明白的第一件事情,是'不劳无食'。学校的教育,应得注重修养和劳动的并进。而在目前偏重理论空谈修养的学校教育,还得大大地提倡'劳动神圣'。"②毛泽东也是从培养全面发展的人的高度来看待教育的,"我们的教育方针应该使受教育者在德育、智育、体育几方面都得到发展,成为有社会主义觉悟的有文化的劳动者。"③他认为,教育要破除"劳心"与"劳力"分离的传统恶习,有文化的劳动者首先要对劳动和劳动人民有深厚感情,他在《青年运动的方向》一文中甚至把"是否愿意并且实行和工农民众相结合"视为知识分子真假革命的"唯一标准",号召知识青年到劳动中去与工农群众打成一片。④

日本学者宫地诚哉、仓内史郎认为,职业选择涉及一个人的价值观的问题,职业教育在引导人们形成正确的价值取向上发挥着作用。"当人选择职业时,不是职业与自己的性格特点一致就了事的,而是还要考虑自己将怎样过职业生活的问题。这是一种典型的自主选择职业的行为表现。"所以,"在以人为主的职业教育中,必须研究教育究竟要起什么作用的问题。如果认为职业教育的作用只是为每个人就业做准备或是对已就业者进行训练,使之过更充实的职业生活,那么培育适于这种生活方式的价值观则是非常必要的。"他们强调,"职业教育在形成人的价值观——为人生定向上也是不可缺少的。而职业教育把使人形成正确的职业观视为重要任务,也是从这一点延伸出来的。正是由于人生的意义确实是与工作紧密联系着的,缺乏价值观

① 杨贤江:《教育与劳动》,中央教育科学研究所、厦门大学:《杨贤江教育文集》,教育科学出版社,1982 年。

② 同①。

③ 毛泽东:《毛泽东文集》第 7 卷,人民出版社,1999 年。

④ 毛泽东:《毛泽东选集》第 2 卷,人民出版社,1991 年。

的培育,职业教育就不能称为真正的职业教育。"他们反对把职业教育单纯看成职业知识和技能的教育,认为这种观点是把职业选择视为单纯与物质利益相关的经济行为,而没有看到职业生活中的人格因素。他们指出,"人的职业生活并不只是物质生产的经济活动,而且它还包括极其丰富的精神生活。职业教育的奋斗目标就应以人的整个职业生活为内容,促进人的成长。它不是单纯的知识与技术的教育,而且要重视人格的培养。这才称得起是以人为主的职业教育。"①

日本的农业职业教育专家秋山利良从农业和农业职业教育的特点出发,指出了培养学生的爱农之心的迫切性。他认为,农业从业者首先要认同农业生活方式,农业劳动是与自然界直接打交道的,不像其他工作有固定的作息时间,虽然技术的推广减轻了劳动强度,但是农业劳动仍然很艰苦;农业经营者除了具备体力、气力、智力和技术力等素质外,还要有很强的进取心,能够把学到知识主动应用到栽培、饲养、经营实践中,并且在实践中发现问题,解决问题,更深入地理解作物和家畜生长规律,历练出精湛的农业生产技术。所以,一个称职的农民,首先要有对农业的热爱之心。②

培养什么样的人,是有技能的人,还是有价值取向的人,这是探讨农业职业教育结构绕不过去的大问题。正是在这一点上,我们看到了两种截然不同的观点,孰是孰非,不能不发人思考。

(二) 职业教育中生产实践的意义

几乎所有学者都认为,生产实践是农业职业教育的重要组成部分,但是,对生产劳动在其中的意义,学术界却有不同的看法。

---

① [日]宫地诚哉,仓内史郎:《职业教育》,河北大学日本研究所、教育研究室译,许淑英校,天津人民出版社,1981 年。

② [日]秋山利良:《八岳中央农业实践大学的农业后继者教育》,农业更生协会:《农业教育的课题》,信山社出版株式会社,1989 年。

一部分学者把生产劳动与人格培养割裂开来,单纯从技能教育的角度来看待。早期的教育专家强调实践教学的重要性,认为职业教育不能满足于理论知识的传授,必须把理论和实际结合起来,否则学生难以将书本上的理论应用到生产实际中去。一些人对职业教育脱离生产实际的状况提出了批评。黄炎培曾针对职业教育中的书房习气批评道,"实业学校仅仅购一种教科书,教师照本宣科,学生一读了之,根本没有实习设备,学生也不进行实习。"①陈独秀也有类似的感慨,"农学生只知道读讲义,未曾种一亩地给农民看;工学生只知道在讲堂上画图……"②不难发现,这几位学者虽然强调生产实践在职业教育中的重要性,但是无一例外,他们都是从学以致用的角度上看待这一问题的。早期的教育思想对当世有很大影响。查阅近几年的论文和书籍,类似的观点随处可见。

也有学者认为,生产劳动不仅是技能培养的问题,也是与人的价值观的形成相联系的。杨贤江对教育与生产劳动的关系做了很深刻的论述。他认为,教育从来都是与生产劳动结合在一起的,但是,在阶级社会中,劳动与否却成了区分社会等级的标志,"第一个阶级社会是奴隶所有者的社会。在这个社会中,支配阶级有闲暇可受文雅的教育,奴隶们只许劳动;由此把劳动与教育截然分途,即把实践和理论开始隔离"。③杨贤江主张,教育与生产劳动紧密结合,"一个人的生活,应得把头脑的活动和手足的活动平等注重,理论的知识和实际的技能彼此联络"。④

---

① 黄炎培:《考察本国教育笔记》,中华职业教育社:《黄炎培教育文集》第1卷,中国文史出版社,1994年。
② 陈独秀:《陈独秀文章选编》(中),生活·读书·新知三联书店,1984年。
③ 杨贤江:《新教育大纲》,中央教育科学研究所、厦门大学:《杨贤江教育文集》,教育科学出版社,1982年。
④ 同③。

在他看来,生产劳动不仅事关技能的培养,更是一个对待劳动的态度问题,他号召知识分子到生产实践中去,培养人生价值观。毛泽东强调生产劳动对人的世界观改造的重要性,认为教育与生产劳动的结合是引导知识分子同工农群众相结合的必由之路。他认为生产劳动不单单是积累生产经验的问题,也是改造人们世界观的大问题,只有在劳动中,才能拉近知识分子与工农群众的感情距离,正所谓:"农事不理,则不知稼穑之艰;休其蚕织,则不知衣服之所在。"①

宫地诚哉等人从"以人为本"的教育思想出发,强调生产劳动的必要性。他们肯定了古代学徒制下徒弟跟随师傅在生产现场参加劳动并学习职业知识的做法,批评了近代学校制度使职业教育丧失了通过劳动现场培养学生人格的机能。人的职业观的形成是对某种生活方式的认可,这是长期的探索过程,不能脱离生产实际来进行。"选择职业要经过这一探索过程:首先要对自己能干什么和具有什么特长以及自己想得到什么,有何种理想等有个清楚的了解,以此为准绳到现实的就业机会中去寻找理想的职业。所以,职业选择不外是这样一种发展过程:对于个人来说要把现实与理想紧密结合起来,并且不断地加以修正,以选到合乎个人心愿的职业,实现个人远大的理想。这也可以说是人对其生活方式的探讨。"

宫地诚哉等人指出,人格因素是职业生活中不可缺少的部分,只有在实际工作中才能使个体认识到自身存在的社会意义。在他们看来,人的职业生活并不是孤立存在的,而是在人与人之间的交往中进行的,社会生活中的人情、信赖和期待是职业生活成功的必要条件,通过工作来培养坚强的意志、诚实和责任心是

---

① 毛泽东著,中共中央文献研究室,中共湖南省委《毛泽东早期文稿》编辑组编:《毛泽东早期文稿》,湖南人民出版社,2008年。

人的职业发展的重要条件。职业教育如果脱离劳动现场进行，就意味着劳动者不教自己的后代做工。如此，劳动者难以养成对本职工作的热爱和自豪感，也就失去了工作的热情和动力。有鉴于此，在改革职业教育时，有必要提出如何挽回学校制度取代学徒制带来的损失的种种建议，考虑如何使之与实际劳动现场更紧密地结合起来。①

从上面的分析中，不难看出两个矛盾的观点，一是认为生产劳动是技能教育的一部分，一是把生产劳动看成是人格养成的重要环节。这两种对立观点谁对谁错，不能不加以详察。

（三）普通教育、职业教育与终身教育

一部分人把职业教育看作职业能力培训，是针对某一特定阶段、某些特定人群的特定教育，由此，他们把职业教育与普通教育对立起来，认为职业教育是面向升学无望者的岗前培训。早在 20 世纪初，我国就存在把职业教育与普通教育区分开来的思想，山西农林学堂姚文栋的说法就是一例，"论教育原理，与国民最有关系者，一为普通教育，一为职业教育，二者相成而不背离。……本学堂兼授农林两专门，即是以职业教育为主义。""外洋本以职业教育为最重。谓国有一民，必须予以一民之职业。"②在这里，姚文栋把职业教育看作为特定职业做准备的教育，这种教育形式是有别于普通教育的。

20 世纪初，我国一度出现了普及职业教育的思想，但这并没能使职业教育摆脱针对某些特定人群的、某一特定阶段的窠臼。③ 当时以中学为实施职业教育的重点，而小学或高中毕业后难以升学的学生走出校门即失业，有人认为这是缺乏劳动技

---

① ［日］宫地诚哉，仓内史郎：《职业教育》，河北大学日本研究所教育研究室译，许淑英校，天津人民出版社，1981 年。

② 刘桂林：《中国近代职业教育思想研究》，高等教育出版社，1997 年。

③ 同②。

能所致,主张把职业教育扩大到各种层次的学校教育中,甚至在小学阶段即进行分流,使升学无望的儿童掌握谋生手段。鉴于大部分人连职业学校也上不起的现实,不少人提倡开办补习学校和女子职业学校,以使更多人掌握谋生的本领。职业教育即岗前培训的思想一直延续到当代。比如,洪绂曾认为,要使所有欲从事农业者接受农业职业培训,有计划地实行小学后、初中后及高中后教育分流,发展初等、中等和高等农业职业教育,初等农业职业教育主要是在义务教育未普及的地区,对不能升学的小学生进行农业职业培训,而中等、高等则是对初、高中毕业后升学无望的毕业生进行农业岗位培训,初等农业职业教育的出路主要是回乡当农民,中、高等农业职业教育的出路是技术员和高级管理员。[①]

虽然持有上述观点的人没有把职业教育与终身教育相对立,不过在他们的眼中,所谓终身教育就是从低层次教育不断跳到高层次教育,从学校教育再跳到社会教育,如在接受学校教育的同时,参加职业资格培训,总之是从技能培训来,到技能培训去,始终没有跳出岗位培训的范畴。农业部课题组对农业职业教育进行了这样的分类,即学历阶段为主干,非学历教育为旁支,非学历教育主要是农民教育,其中一大形式是通过广播电视等媒介对农民进行技能培训。[②] 但是,农民培训和学历阶段的教育是否连贯是值得怀疑的,农民教育的对象是在岗农民,而学校教育的对象是有待成为农民的人,有待成为农民的人能否转化为在岗农民是要打问号的,所以,由农民教育与学历教育组成的职业教育与伴随一个人一生职业成长的终身教育是不能简单画等号的。

① 洪绂曾:《关于我国农业职业教育》,《职业技术教育》,1997年第12期。
② 农业部课题组:《21世纪初中国农业教育结构体系研究》,《中国农业教育》,2000年第5期。

不少文献纠缠于农业职业教育层次是高还是低的问题。20世纪80年代,教育部与原国家计委(83)教职字011号文件指出,"对现有中专要保持稳定,不宜戴帽改为大专院校"。农业部也强调指出,"目前有些地方和单位,想通过中专戴帽或办大专班的办法,发展专科,扩大高等教育的招生规模,造成中专动荡不定。鉴于过去的经验教训,必须严格控制,否则会加剧我国高中等农业教育比例严重失调,同时也不能保证专科的质量。"[①]但是,到20世纪90年代初,有人提出我国农业职业教育层次结构不能满足农业发展的需要,要大力发展高层次农业职业教育的主张,王广忠等人在对不同国家考察的基础上,提出我国有必要发展多层次农业职业教育。[②] 上述主张忽略了这样几个问题,即已有的农业职业教育是否真正发挥了作用? 不同层次的农业职业教育对人的职业生活到底有多大帮助?

曹晔等人则强调成人教育在农业职业教育上的重要性,认为在工业化进程中,农业中等职业教育出现萎缩是必然现象,但我国是农业大国,农业仍是农民收入的重要来源,农业职业教育不应,也不能过早地萎缩。而农村成人教育与农业中等职业学校教育相比较,具有许多优势。因此,依托农村成人学校开展农业职业教育是今后农业职业教育发展的重要方向。[③] 问题是,在农村人口大量外流的情况下,成人农民的后备军从哪里来? 注重成人教育,学历意义上的学校教育又将承担什么样的角色? 对此,曹晔等人没有做出回答。

---

① 农业部科教司:《关于改革和加强中等农业教育的意见(节录)》,《中等农业教育》,1985年第1期。

② 王广忠,李鸿鸣,张艳:《21世纪初中国农业人力结构与教育结构体系研究》,中国农业科技出版社,2001年。

③ 曹晔,汤生玲:《农村成人教育应成为农业职业教育的主体》,《职教通讯》,2007年第3期。

有一种看法很独特,即认为职业教育是面向所有人的,是伴随人的职业成长全过程的教育,它既不与普通教育对立,同时也是终身教育。宫地诚哉和仓内史郎认为,不能过早地把职业与人的关系一对一地固定下来,让职业去适应人的需要,而应使人逐步熟悉各种职业生活方式,明确个人的职业理想,摸索自身的职业定位,从而主动去适应职业的需要,从这一点出发,职业教育不是某一特定人群的教育,而是面向所有人的职业观的教育。"把职业和人的关系以一对一的形式固定下来是错误的。……这种一对一的看法,容易使人陷入把职业需要的性格特点作为固定的尺度。以这一尺度测定人的适应性,进而把人塞到某一职业中去的错误的逻辑中去。它发现适才的目的主要是要适应生产合理化的要求。所以,这种见解是要按照生产的要求选择人,而与尊重个性的本来目的是背道而驰的。"他们指出,传统的职业教育观把职业教育当成为特定职业做准备的教育,这是不对的,有必要把它看成终身教育。在他们看来,局限于学历教育特定阶段的职业教育陷入人生早期终结型教育(针对继续教育而言)的误区,有违终身教育的理念。这种教育是在人生的早期就选定职业,并且是以以后不再变更为前提的。把职业教育曲解为就业前的技能培训,限定在学校教育阶段上,显得过早,会使职业教育的效果大打折扣。"由于经济的发展,选择职业的自由在扩大,即使已就业者,转业的可能性也越来越大。致使早期终结型职业教育效果在下降。"他们认为,随着生产方式的变化,学生通过学历教育特定阶段的职业教育所获得的知识、技能,在毕业后很快就过时了。所以,职业教育有必要伴随人的职业成长的全过程,不能把它限定在某一特定阶段上。

在他们看来,职业的选择不是一下子就完成的,而是要经历从青年期到成人期的较长时间的摸索才确定下来的;在不同的职业部门,人们找到自己最终职业归属的时间是不一样的,专业性越强的工作,稳定在某一专门性工作上越早,而技能要求比较全面的工作,从业者通常要经历多种入门学习和试用性工作,才能找到合适的工作定位,稳定在这一工作上的时间往往很晚;学校教育阶段对多数青年来说,不是决定终身工作的时期。"无论是在第九学年时,还是第十二学年时,从本质来看都是职业的探索时期,而不是某一职业的预备期。正是这一时期是青年人了解各种工作性质、探索自己是否适合于这些工作的时期。"所以,有必要把职业教育与普通教育统一起来,把职业教育纳入到教育分流的轨道上是有害的,这把职业教育和普通教育对立起来,使职业学校在等级学校制度中处于不利的地位。在追求高学历的社会中,学业优秀的学生纳入普通教育中,而差的学生分流到职业教育中,随着教育的普及和升学率的提高,职业教育必然陷入萧条。因而,必须破除把普通教育与职业教育对立的观点。随着人们受教育年限的延长,有必要把职业教育融入普通教育中去,及早在普通教育中加强对学生职业观的培养上,引导学生选定长期的职业生活目标。"从这种意义来看,它并不是只为升学作准备的,而是应该研究在校年限延长的学校教育同人们将来的职业生活究竟具有什么关系。"

宫地诚哉等人强调,必须摆脱以学校为中心的职业教育观点,职业教育有必要从学校延伸到生产实际中去。他们认为,脱离劳动现场由学校来包办的职业教育一方面适应了近代生产方式发展,但另一方面也丧失了通过劳动现场培养人格的机能。这样的教育容易偏重知识和理论的教育,存在理论脱离实际的问题,从劳动者的角度来说,失掉了通过劳动获取知识、受到教育的极宝贵的机会。其结果是,削弱了自己对本职工作的热爱和自豪感,降低了劳动效率。职业教育有必要延伸到实际劳动现场中去,以弥补学校教育的缺失。"职业教育也应重视校外的职业教育。并且从职业教育的本质来看,也要求返回到实际劳动现场去,以加强理论和实际的联系。"①宫地诚哉等人从职业教育是人格的教育,而不是单纯技能的教育的观点出发,提出了职业教育是伴随人的职业成长全过程的教育,而不是针对某些特定人群的、某一特定阶段的教育的观点,这无疑是对传统观点的一大革命。

在我国,也有人提出了与宫地诚哉等人类似的观点。黄炎培的大职业教育主义思想就是一例。他认为,职业教育不能停留在学校教育范围内,必须要延伸到社会改造的层面,改变社会鄙薄职业教育、社会经济制度不完备、学生毕业无出路的状况。他指出:"办职业学校最大的难关,就是学生的出路。无论学校办得多么好,要是第一班毕业生没有出路,以后招生就困难了。""社会是整个的。不和别部分联络,这部分休想办得好;别部分没有办好,这部分很难办的。可是在腐败政治底下,地方水利没有办好,忽而水,忽而旱,农业是不会好的;在外人强力压迫底下,关税丧失主权,国货输出种种受亏,外货输入种种受益,工业是不会好的。农、工业不会好,农工业教育哪里会发达呢?国家政治清明,社会组织完备,经济制度稳固,尤之人身元气浑然,脉络贯通,百体从令,什么事业都会好。反是,什么事业都不会好。所以提倡职业教育而单从农、工、商界做工夫,还是不行的。"②黄炎培从改善社会大环境的角度来谈发展职业教育,认为搞职业教育不能就教育谈教育,而是要与改造社会结合起来,以达到有人来学,学成了能有用武之地的效果。

毛泽东从促进人的全面发展的角度出发,认为有必要破除职业教育以学校为中心的观点:"一切农业学校除了在自己的农场

---

① [日]宫地诚哉,仓内史郎:《职业教育》,河北大学日本研究所教育研究室译,许淑英校,天津人民出版社,1981年。

② 黄炎培:《提出大职业教育主义征求同志意见书》,见中华职业教育社编:《黄炎培教育文选》第2卷,上海教育出版社,1985年。

进行生产,还可以同当地的农业合作社订立参加劳动的合同,并且派教师住到合作社去,使理论和实际结合。农业学校应当由合作社保送一部分合乎条件的人入学。”“农村里的中小学,都要同当地的农业合作社订立合同,参加农、副业生产劳动。农村学生还应当利用假期、假日或者课余时间回到本村参加生产。”“一切有土地的大中小学,应当设立附属农场;没有土地而邻近郊区的学校,可以到农业合作社参加劳动。”①由此,他提出改革教育结构和学制的方案,即学制要缩短;学生以学为主,兼学别样,要学工、学农,还要学习社会主义。毛泽东的观点也反映了职业教育要贯穿人的成长全过程的“以人为本”的教育思想。

二、职业教育结构

一般认为,结构是指各个组成部分的搭配和排列。② 教育结构指的是“教育机构总体的各个部分的比例关系及组合方式。即教育纵向系统的级与级之间的比例关系和相互衔接及教育横向系统的类与类之间的比例关系和相互联系。具体来讲包括:教育层次结构、地域分布结构、专业设置结构和办学类型结构等。”③刘厚成、张泽厚沿袭上述观点,并做了具体解释,他们认为,纵向结构是指不同层次教育的关系,如中专、大专、大学本科之间的比例和相互衔接;横向结构是指同一层次上不同类型,如公立、民办;不同形式,如全日制、走读;不同管理体制如公立学校有省属的、市属的等之间的关系;地域分布结构是指不同层次、不同类型、不同形式的教育在空间上的分布和彼此之间的联系;专业结构则是学校内部的系科划分。这两位学者在做出上

① 毛泽东:《毛泽东文集》第7卷,人民出版社,1999年。
② 中国社会科学院语言研究所词典编辑室:《现代汉语词典》,商务印书馆,1994年。
③ 顾明远:《教育大辞典》(增订合编本),上海教育出版社,1998年。

述解释后也承认,这几种结构,是对经济社会发展影响最大的,也是人们通常关注得较多的几种结构。① 言下之意是,教育结构的含义比这要宽泛。大部分学者是从层次结构、专业结构、地域分布结构、形式结构等方面来剖析职业教育结构的。比如,常晓宝等人把我国职业教育分成三个类别、五个层次。②

　　有学者认为,以上几种对教育结构的理解是狭隘的,有必要从更广阔的视野加以看待。王竹青认为,结构是与系统相联系的,是系统中各有机组成部分、要素、成分相互联系、相互结合的方式或构成的形式,是由系统中各有机组成部分、各个要素、成分的特殊本质共同决定的,按照其本身发展规律逐步形成的内在联系。她强调,系统事物的结构与功能是互相联系、不可分割的两个方面:没有结构的功能和没有功能的结构,都是不存在的;结构与功能是互相制约的,有什么样的功能就要有什么样的结构与之相适应。她指出,研究教育结构不仅要探讨其内部结构,也有必要将其置于社会经济整体结构中加以审视。"教育系统同其他系统一样,既具有宏观结构体系,也有微观结构体

---

　　① 刘厚成,张泽厚:《中国教育结构研究》,山西人民出版社、中国社会科学出版社,1989 年。

　　② 根据常晓宝等人的分类,职业教育的三个层次分别是高等职业教育,中等职业教育和初等职业教育。初等职业教育主要是面向农村地区学生的,其办学形式主要有两种:一是农业中学,这是在九年制义务教育尚未普及的地区,面向学校毕业后无法升入普通中学就读初中的农村小学毕业生开办的职业培训;二是初中"3＋1"办学模式,这是面向初中毕业后无法进入普通高中的农村学生开办的职业教育形式,"3＋1"指的是 3 年普通教育加 1 年的职业前岗位培训。中等职业教育包括普通中专、职业中学和各种技工学校。高等职业教育的办学单位有两种:一是高等职业师范类专科院校,这类院校主要是为中等职业教育和初等职业教育培养师资力量;二是高等职业技术院校。高等职业技术院校是在 20 世纪 80 年代后出现的新型院校,其前身主要是各层各级部门创办的夜大学、函授大学和职工大学,有的也被称为走读大学、联合大学等。其特点是层次比较多,既有本科,也有专科教育,办学灵活,学制可长可短,一般在 2 ~ 4 年之间。(转引自张正勇,郝炳均:《中国职业技术教育史》,甘肃教育出版社,1993 年。)

系;……从宏观上来研究教育结构,主要是研究作为社会系统中的小系统的教育同其并列的其他小系统,如与社会的经济、政治、科学技术、文化艺术等诸系统的关系,也就是教育与其所处的社会环境因素的关系,从而确立教育与社会发展的宏观战略。"王竹青和孙立群点出了研究教育结构的目的和主要内容,即"从微观上来研究教育结构,主要是研究作为复杂的社会现象的教育系统内部各有机部分、诸要素之间、诸成分之间的关系,确定教育自身发展的微观战略,使教育系统自身各要素、各组成部分一致,整体优化,良性循环,以保证最佳地实现教育的社会功能。教育的微观结构决定教育内部各要素与组成部分的联结状况。"①

　　王竹青有关研究教育结构要联系社会经济大结构的观点是符合马克思主义的。马克思认为,经济基础决定上层建筑。教育结构作为上层建筑的组成部分,一定要与社会的生产方式相适应。而社会生产方式是一定的社会生产力和建立在这个生产力基础上的人和人之间的关系的统一体,当然,其中也包括生产的组织方式。② 同时,教育结构具有相对独立性,并对社会生产方式起反作用。教育服务的对象——劳动力是社会生产方式中最具有革命性的因素。"机器不在劳动过程中服务就没有用。不仅如此,它还会由于自然界物质变换的破坏作用而解体。铁会生锈,木会腐朽。纱不用来织或编,会成为废棉。活劳动必须抓住这些东西,使它们由死复生,使它们从仅仅是可能的使用价值变为现实的和起作用的使用价值。"③也就是说,合理的教育结构可以改善劳动力状况,从而达到改进生产方式的目的。微观的教育结构要比人们通常所讨论的要广泛,凡是与教育功能

---

① 王竹青,孙立群:《教育结构》,黑龙江教育出版社,1990 年。
② 马克思,恩格斯:《马克思恩格斯选集》第 2 卷,人民出版社,1995 年。
③ 马克思,恩格斯:《马克思恩格斯全集》第 23 卷,人民出版社,1972 年。

相联系的部分、成分、要素,以及这些部分、成分和要素之间的衔接关系都包括在内。从系统论上讲,结构的某一方面的变化是与其他方面相连接的,层次结构、专业结构、地域分布结构等,是教育结构的一部分,但不是全部,讨论它们的变化,虽然不能反映教育结构的全貌,但是,至少能从中看出问题,并发现另外一些通常不为人所关注的深层次结构矛盾。讨论教育结构问题,不能就教育谈教育,有必要从整体结构中加以把握。

三、农业职业教育结构

(一)农业、农民与农村

农业的概念有广义和狭义之分。狭义的农业主要是指动植物种养业。比如,《中国百科大辞典》认为,农业是"通过对动植物的人工培育,实现能量转化,取得农畜产品的社会生产部门"。[①]

广义的农业通常被称为大农业。根据《中国百科大辞典》的解释,大农业有两层含义,一是"小农经济"的对称,即由经营规模较大的农场、林场、牧场、渔场、农工联合企业等组成的农业体系;二是指"广义农业"。包括农(种植业)、林、牧、副、渔五业在内的整个农业生产。[②] 前一层含义指的是横向意义上的规模农业,后一层含义则值得推敲。根据该辞典对副业的解释,即指农业劳动者从事主业以外所进行的生产项目,这些生产项目包括各种工业生产和商贸流通活动。主业之外的工业和商贸流通活动,不管是否与主业有关联,都算在农业内,这样一来,我们很难对农业与其他产业做区分。费孝通则认为,副业是指种养业向第二、三产业延伸的部分。他把乡村工业分为两种,一种是"农工商一条龙",即用本地区所产的原料加工制造,例如从养蚕、制丝、织

---

① 《中国百科大辞典》编委会:《中国百科大辞典》,华夏出版社,1990年。
② 同①。

021

绸、刺绣到制成消费品,直接在市场上销售;另一种农村工业是为都市里的大工厂制造零件。① 显然,"农工商一条龙"是基于种养业基础上的农业纵向一体化,费孝通称之为副业。他说:"在历史上,苏南农民另辟蹊径,他们很巧妙地把畜牧业、种植业和手工业三者有机地结合在一起,最典型的便是栽桑、养蚕和缫丝,这便是所谓的家庭副业。"② 日本学者青木纪认为,副业不仅包括农业在纵向上往第二、三产业延伸的部分,也包括基于范围经济考虑的农业多种经营,是主业在横向上的扩展,如稻鸭共作。他认为,有必要明确副业与兼业的区别,前者是主业在纵向和横向上的延伸,而兼业是指在务农的同时,从事其他产业的活动,不管这些活动是否与农业有关联,是农业劳动力转移的一种形式。③ 由此看来,《中国百科大辞典》中的"副业"更接近青木纪笔下的"兼业"。从廓清农业与其他产业的边界考虑,我们认为,所谓"广义农业"不外乎种养业及种养业向第二、三产业延伸的部分,而与狭义农业无关的产业活动不应包括在内。

什么是农民? 目前,世界上还没有一个公认的统一的定义。已有的文献对此的解释大致有三个角度,一是经济学意义上的解释,比如《辞海》认为,农民是直接从事农业生产的劳动者;④ 二是社会学意义上的解释,认为农民是生活于乡村社会的个人,比如孟德拉斯说,"农民是相对于城市来限定自身的。如果没有城市,就没有所谓农民";⑤ 三是政治学意义上的解释,认为农民是与工人、知识分子等相并列的阶级群体。比如《中国百科大辞典》把这一词条编在政治学科总目录,阶级、阶级斗争分目

---

① 费孝通:《费孝通自选集》,首都师范大学出版社,2008 年。
② 同①。
③ [日]青木纪:《日本经济与兼业农民》,日本农林统计协会,1988 年。
④ 《辞海》编委会:《辞海》,上海辞书出版社,1979 年。
⑤ [法]孟德拉斯:《农民的终结》,李培林译,中国社会科学出版社,1991 年。

录下,认为农民在不同的社会制度下,有不同的政治含义,在社会主义社会,主要指集体农民。① 根据这个解释,在我国,农民不是与职业相连的概念,而是一种政治身份。

关于农村,普遍的看法是,这是一个空间地理概念。但是,这个空间范围到底有多大,理论界对此是有分歧的。《中国百科大辞典》认为,农村又叫乡村,是区别于城镇的一类居民点的总称。② 曹晔则认为,在地域范围上泛指介于区域性中心城市建成区之外的广大空间系统,包括区域性中心城市的边缘区(郊区)、县域中心城市(县级市)和建制镇;乡村是指集镇和村庄及其所管辖的区域组合。③ 看来,曹晔眼中的农村空间范围要宽泛得多。但是,也有学者对农村和城市二分法的观点提出了批评,认为两者之间没有绝对的空间界限,城市的工业、商业向农村延伸,农村工业化则把传统农业向城市拓展。如果把农村看成农业生产的区域,那么,随着农业向第二、三产业的纵向延伸,农村与城镇的空间界限很难明确划分。但是,如果把农村看成乡村社会或生活方式的空间区域,那么,把它和城镇二分的观点还是能成立的。

传统上,农业、农民和农村三个概念具有同一性。例如,毛泽东指出,"中国是一个发展中的大国,农村地方大,人口多……"④在另外的场合,他又说道:"我国有 5 亿多农业人口,农民情况如何,对我国经济发展和政权巩固,关系重大。"⑤但是,有不少学者指出,随着历史的延续和变迁,这三个概念在当代出现了分化。例如,潘逸阳认为,从严格意义上,农民中好多

① 《中国百科大辞典》编委会:《中国百科大辞典》,华夏出版社,1990 年。
② 同①。
③ 曹晔:《"三农"职业教育辨析》,《职业技术教育》,2008 年第 22 期。
④ 毛泽东:《毛泽东选集》第 4 卷,人民出版社,1991 年。
⑤ 毛泽东:《毛泽东著作选读》下册,人民出版社,1986 年。

人的经济活动不再局限在农业,工作的区域不再是农村,如农民工,亦城亦乡,但是城乡分割的二元制度决定了这些人的政治活动场所及这些人中的大部分居住点仍然在农村。① 也就是说,生活在农村的、有农民身份的人不一定从事农业。另一方面,有报道披露,在农地流转下,不少持有城镇户口的人到农村去搞种养业。② 这表明,从事农业的人不再局限于生活在农村的人,也不局限于农民身份的人。由此看来,在我国,农业、农民和农村三者之间的同一性正在被打破。

(二)农业职业教育、农民职业教育与农村职业教育

不少文献把农业职业教育、农村职业教育和农民职业教育三个概念混同起来,从而在农业职业教育为谁服务的问题上出现了偏差。比如,洪绂曾主编的《中国农业教育发展战略研究》一书,花了很大的篇幅讨论农业人才跟不上农业发展的需要,但是在论述农业职业教育的专章中,却大谈农业职业教育如何促进农村劳动力向非农产业转移,为农民增收服务。有趣的是,该章的大标题用的是"农业职业教育"这一术语,而其中的小节标题却换成了"农村职业教育",在正文中,偶尔还冒出"农民教育"的字眼。③ 所以,探讨农业职业教育的社会需求时,首先要正本清源,明确上述三个概念的区别。已有学者做了这方面的工作。

曹晔认为,农业职业教育是为农业服务的教育。农业是一个产业概念,传统的农业仅仅指种植业和养殖业,虽然在农业现代化进程中,农业内涵越来越宽泛,职业教育为农业服务的领域越来越宽广,但是,种养业仍然是现代农业的核心内容。他指出,农村职业教育是面向农村人口的教育,农村是一个相对于城

---

① 潘逸阳:《农民主体论》,人民出版社,2002 年。
② 牛刚:《半爿月村来了"新农民"》,《工人日报》,2004 年 5 月 25 日。
③ 洪绂曾:《中国农业教育发展战略研究》,中国农业出版社,1996 年。

镇而言的地理空间概念,农村产业既包括农业产业,也包括非农产业,农村人口中既有农业人口,也有非农业人口,农村职业教育中包含了大量的非农业职业教育。而农民职业教育是面向农民的职业教育,农民是一个与户籍相联系的身份概念,随着农民职业分化加剧,大量农民工进入城市就业,为农民服务的职业教育既包括农业职业教育,也包括帮助农民实现向非农产业转移的职业教育;同时,部分向非农产业转移的人并没有改变农民身份,他们遍布城乡,分散在各行各业,农村职业教育远远不能满足农民职业教育的需要,农民职业教育的范畴要大于农村职业教育。①

对曹晔认为培养种养业人才是农业职业教育核心目标的观点,有学者提出了不同的看法,邹志坚等人指出不能把农业职业教育定位局限在"小农业"上。他们认为,农业产业化使得农业突破了传统的"小农业"的框架,向贸、工、农一体化方向发展,农业职业教育有必要与农业产业的产前、产中、产后诸环节相联系,培养多方面的专业化人才。②

刘永功等人认为,随着农业产业链的延伸,农业活动已经超出了农村的范围,农业职业教育培养的人才并非都要到农村去。比如,农产品国际贸易、农业高科技等方面的人才一般集中在城市。③

一些学者指出,不能把农村教育简单地理解为办学地点在农村的教育,这不是全部的,农村教育应是为农村发展服务的教育。④ 比如,张乐天认为,农村教育的区位概念应该转化为功能概念,即农村教育应该被定义为:为农村现代化发展服务的教

---

① 曹晔:《"三农"职业教育辨析》,《职业技术教育》,2008 年第 22 期。

② 邹志坚,李荃:《论农业职业教育与农业产业化》,《理论导报》,2004 年第 10 期。

③ 刘永功:《中国农业高等教育体制改革与农村发展》,中国农业出版社,2005 年。

④ 孙志河:《教育为农村转型服务——2003 年国际农村教育研讨会综述》,《职教论坛》,2003 年第 5 期。

育。在他看来,为农村现代化发展服务的教育既可能发生在农村,也可能发生在城市。①

更多的学者指出,要将不同层次教育的功能区分开来。萨伊早就指出,"在一切情形下,都可把劳动区分为三种:理论、应用和执行。一个国家除非在这三个方面都很优越,否则劳动就达不到十全十美的地位。"他告诫道:"有些国家虽然基础理论很雄厚,但是,由于缺乏大量生产操作人员,而使生产力发展受到阻碍。"②王广忠等人认为,农业职业教育与农业高等教育服务对象各有侧重点,农业高等教育主要是培养农业向第二、三产业延伸部分的高层次人才,这部分人才专业性比较强,而农业职业教育主要是培养农业生产一线的低层次技术推广人员和从事种养业的职业农民,这部分培养对象将来的工作去向主要是农村。③ 洪绂曾也承认,农业职业教育应该把重点放在为农业生产一线培养人才上。④ 原国家教委副主任王明达明确指出,"农业职业教育与其他行业的职业教育最大的不同点就是,学生毕业后主要不是去找一个单位,而是要回到农村去创业,做新型农民,用所学的技术开发致富。"⑤

综上所述,农业职业教育有别于农村职业教育和农民职业教育,它是促进人们农业职业成长的教育,不是单纯面向农村人口和农民的教育,而是面向所有人的教育,这种职业范围不宜无限扩大,而有必要把重点放在种养业上。

---

① 张乐天:《重新解读农村教育》,《教育发展研究》,2003 年第 11 期。
② [法]萨伊:《政治经济学概论》,陈福生、陈振骅译,商务印书馆,2009 年。
③ 王广忠、李鸿鸣、张艳:《21 世纪初中国农业人力结构与教育结构体系研究》,中国农业科技出版社,2001 年。
④ 洪绂曾:《关于我国农业职业教育》,《职业技术教育》,1997 年第 12 期。
⑤ 转引自杨开吉:《关于农业中专实现"两个转变"的思考》,《中等农业教育》,1997 年第 1 期。

（三）农业职业教育结构

教育结构合理与否不是由其自身来衡量的，而应从其满足社会对技能性人才需求的状况中得到评价。社会对农业技能性人才有没有需求，需求有多大，这是讨论农业职业教育结构合理与否的起点。国内外不少学者对发展中国家在经济转型过程中的农业劳动力需求状况作了截然不同的判断。

不少学者认为，这些国家农业部门存在大量隐性失业，促进农村人口向非农部门转移，消除过剩农业劳动力，对改造传统农业至为重要。刘易斯的二元经济理论就是其中的代表，他认为发展中国家的经济部门可分为两个部分，一是现代工业部门，二是包括农业在内的传统部门。在这些国家，经济发展主要依靠现代工业部门的扩张，经济发展过程就是非资本主义的传统部门不断缩小、现代工业部门不断扩张的过程，这一扩张过程需要源源不断地从传统部门汲取劳动力。传统农业部门以有限的非再生性的土地为劳动对象，耕地面积的扩展十分有限，无资本投入，生产技术简单且变化缓慢，人口却持续快速地增长，劳动力很丰富。根据边际生产率递减原理，其经济收益呈递减趋势。他断言，"在那些相对于资本和自然资源来说人口如此众多，以至于在这种经济的较大的部门里，劳动的边际生产率很小或等于零，甚至为负数的国家里，劳动力的无限供给是存在的。"[①]农业部门劳动力是过剩的，存在着"隐蔽"失业。现代产业部门的扩张不断吸收传统部门的劳动力，直到传统部门的剩余劳动力消失为止。在此之前，农业劳动力的减少并不必然导致农业产出的下降。

有学者提出了相反的观点，比如舒尔茨认为，在传统农业中

---

① ［美］阿瑟·刘易斯：《二元经济论》，施炜，等译，北京经济学院出版社，1989年。

资源配置是有效率的,农业中不存在过剩的劳动力。传统农业落后的原因在于生产要素配置长期处于低水平的均衡状态,生产要素的供给和技术条件长期保持不变,农民没有改变传统生产要素的动力及投资的经济能力。农民引入新的生产要素,就可以走出传统农业均衡,实现向现代农业的转变。农民接受新的生产要素的动机就是有利性,有的新生产要素的使用,需要农民学习知识,学习是需要花费成本的。而在经济欠发达国家,农民的能力是有限的,政府有必要给农民提供帮助,向农民投资,提高农民的文化素质和工作能力。① 早见雄次郎等人认为,农业技术进步是农业发展的推动力,一个国家要根据自己的资源禀赋选择合适的技术路径。符合国情的有效技术传播需要技术推广人员对农民的需求做出恰当反应,而农民也要有采用新技术的动力和能力。政府有必要通过市场机制,即通过要素相对价格的变动,诱导农民和技术推广部门沿着合适的技术发展路径行动。在这一过程中,需要对农业加大投入,以工补农。他们强调,农业技术进步不只是科学家、农业技术推广人员的事,更需要高素质的农民去落实。"以受过教育的有革新精神的农民、数量充足的科学家和技术人员,懂行的公共管理人员和企业家形式出现的人力资本的改善,是关系到农业生产率能否继续增长的关键。"②

我国也有许多学者强调提升农民素质的重要性。黄宗智对20世纪30年代华北小农经济进行分析后认为,在人口压力下,中国农户在小块耕地面积上不断增加劳动投入,这种要素投入的增加是在原有的生产方式基础上进行的,因而所导致的结果是土地生产率的提高,而劳动生产率的低下,小农经济占统治地位的中

① [美]西奥多·W.舒尔茨:《改造传统农业》,梁小民译,商务印书馆,1987年。
② [日]早见雄次郎,[美]弗农·拉坦:《农业发展:国际前景》,吴伟东,等译,商务印书馆,1993年。

国农村的演变,不是趋向资本主义经营方式,而是一个高度分化的小农经济。① 但是,黄宗智面对当代中国工业化过程中商品农业发展的现实,修正了上述所谓中国农业发展"内卷化"的观点,转而认为人口压力与生产方式的停滞并没有天然的联系。在他看来,经济发展导致食物需求结构发生变化,肉、蛋、奶、水果等需求增加,这就为农户在小块土地上从事多种经营创造了条件。农户在既有土地上增加资本和技术的投入,搞多种经营,可以收到范围经济的效果。在新的经营方式下,劳动投入与产出关系发生改变,单位面积上能够吸纳更多的劳动力,随着投入的增加,劳动力生产率不是递减,而是有提高的可能。② 彭干梓认为,当前我国农业生产方式转变为农业职业教育的发展带来的机遇,一方面,要加快培养适度规模经营的农户主和家庭农场主,另一方面以农业专业合作社为代表的各类中介组织应运而生,为这些组织培养经营管理和技术人才也是农业职业教育的当务之急。③

笔者更倾向于舒尔茨等人的观点,即农业生产方式的转变不是一味地排斥劳动力,而是要合理利用劳动力,提高劳动力素质对于中国农业现代化有着至关重要的意义;在这方面,农业职业教育大有可为。遗憾的是,这些论述对如何改善农业职业教育,以更好地适应农业生产方式的转变,没有做具体分析。不少文献显示,我国农业职业教育农科专业面临"招生难""就业难"的现状。比如,湖南长沙农校的一篇调查报告指出,虽然基层农业人才奇缺,但农校毕业生分配却很难。④《光明日报》的一篇

---

① [美]黄宗智:《华北的小农经济与社会变迁》,中华书局,2000年。
② [美]黄宗智:《中国的隐性农业革命》,法律出版社,2010年。
③ 彭干梓:《农民职业分化与农村教育观念的变革》,《中国农业教育信息》,1999年第2期。
④ 湖南长沙农校:《关于农业中专学校毕业生需求情况的调查报告》,《中等农业教育》,1995年第2期。

文章也透露出湖南农校"招生难"的信息。[①] 那么,农业部门要不要技能性人才,换句话说,农业职业教育培养的人才到底有没有出路? 如果有出路,为什么学生不愿意就读,毕业后难找工作? 这些问题不能不引发我们的思考。本书既关注农业职业教育的外部结构,即农业职业教育结构与社会经济结构的适应性,同时也分析其内部结构,即农业职业教育的生产过程。

第二节 职业教育结构的形成机制
——一个理论模型

教育结构合理与否,不能通过其自身来印证,而应通过与其对立面——社会需求的对照中得到衡量。教育结构是微观主体——个人、学校及政府三者之间行为关系在整体层面的反映。教育结构与社会经济相适应不只是观念意义上的,更是要通过微观主体的市场行动来实现。在市场条件下,教育结构是教育供给和需求对立的产物。

一、教育供给与需求

教育的需求可以分为两个层次,一方面是来自学生和家庭的个人需求,另一方面是社会需求。教育既是投资,也是消费。对社会而言,教育生产和再生产劳动力,花在教育上的费用就像花在劳动工具和劳动对象改造上的费用一样,是"生产性消费"的一种形式。而对个人而言,支付学费上学,在享受教育服务的同时,也是为增进个人未来生活质量进行的人力资本投资。在传统经济学上,投资和消费是相互排斥的范畴,但对教育需求而

---

① 唐湘岳:《农业职业教育发展状况不容乐观》,《光明日报》,2009 年 4 月 16 日。

言,两者具有同一性。①

教育的供给也分为两个层次,一是来自微观层面的学校供给,二是所有学校供给之和构成的社会总供给。社会总供给表现为办学规模、层次、专业门类、区域布局等特征性事实,也就是所谓的教育结构。教育供给执行教育生产的职能。生产是为了满足需要而进行的对对象的改造,从价值形态上讲,就是提供满足需求的使用价值。② 教育产品有多种形式,如颁发的教育文凭(资格证书),传授的知识和技能,给学生提供进一步深造的机会,等等。这些产品的质量和数量一部分是可以度量的,还有一部分是不可度量的。教育供给又可以分为潜在供给和机会供给;潜在供给是指已经形成的供给能力,机会供给是由个体需求决定的实际供给。

调节教育供求关系的机制有两种,一是市场机制,二是计划机制。事实上,没有纯粹的市场机制或计划机制,在计划机制下,个体也有选择的空间,而市场机制离不开国家的宏观调控。关于经济的运行机制,弗里德曼有一段论述,"市场机制的理想模式是:在经济活动中,个体是经济决策的主体,是作为谋求其自身利益的本人而行事的。如果有谁是作为他人的代理人而行

---

① 舒尔茨认为,教育在某种程度上可以说是一项消费活动,它为受教育者提供满足,但它主要是一项投资活动,其目的在于获取本领,以便将来获得更大的满足。"因此它的一部分是类似普通耐用消费品的消费品,另一部分是生产物资。所以,我主张将教育看作一项投资,将其结果看作资本一种形式。"(参见西奥多·W.舒尔茨:《人力资本投资——教育和研究的作用》,商务印书馆,1990 年。)

② 马克思认为,商品是使用价值和价值的复合体,使用价值是"物的有用性",是商品的自然属性,因而具有无限的多样性。商品只有在使用或消费中才能得以实现其使用价值。交换价值表现为物物交换的数量关系,这种数量关系通常用货币来度量。交换价值是价值的外在形式,体现了商品交换中人与人之间的关系。交换价值以使用价值为基础,在商品交换中,使用价值与交换价值相分离,从而使基于社会分工基础上的私人劳动具有了社会性,其产品也就转化为商品。(马克思:《资本论》第 1 卷,中共中央马克思恩格斯列宁斯大林著作编译局译,人民出版社,1975 年。)

事,那么,他是在自愿的、双方同意的基础上进行的;而对计划机制而言,参与经济活动的人并非作为其本人,而是作为别人的代理者来行事的。代理人本身并不允许有自身利益,而纯粹是在执行指令,奉命行事。"[1]他承认,在任何一个社会中,纯粹的市场体制或纯粹的计划体制是不存在的,现实的经济生活是这两种体制的混合体。即使是在实行计划经济的领域,指令执行者也是有自身利益诉求的,不可能完全计划行事,因而在资源配置中难以完全排斥市场机制的作用。

义务教育是按计划机制来运行的。学生按学区就近上学,学校按国家指定的教材和课程安排授课,供需双方基本没有自主选择的空间(民办学校例外)。改革开放后,我国在义务教育以外的教育领域逐步引入市场机制,在职业教育领域,非市场生产已让位于市场生产。

Auerbach 认为,教育的市场生产有五大特点:个性化商品、一个明确的领域、货币交换关系、生产者竞争以及适应市场的(market-appropriate)行为。在职业教育领域,生源的质量关系到学校的生存和发展。为吸引生源,职业学校总是在办学特色上做文章,提供有竞争性的教育商品,以迎合学生和家长的个人需求。教育商品有双重性,他们对消费者有使用价值,而对生产者有交换价值。教育产品只有在市场交换中,才能具有商品的性质。[2]

(二) 市场逻辑

市场是微观主体行为关系的场域。有人认为,市场一方面是指交易场所,另一方面是指劳动产品的交换方式,即所谓的市场机制,[3]但是,Auerbach 的观点更为可取,他认为市场不是一

---

[1] [美]米尔顿·弗里德曼:《弗里德曼文萃》,北京经济学院出版社,1991 年。

[2] Auerbach, Paul. Competition: The Economics of Industrial Change, Basil Blackwell, Oxford, 1988.

[3] 许宝强,渠敬东:《反市场的资本主义》,中央编译出版社,2001 年。

种"事物",而是一种行为关系(behavioural relation),不能从市场组织外部解读市场行为,市场组织及其行为相互影响。[①] 马金森认为,市场不是孤立存在的,而是镶嵌在更大的体系空间内,这一空间包括社会风俗习惯、宗教信仰、政治考量、法律和行政法规、地位名望乃至情感因素,当然包括物质欲望。"只有把作为经济现象的市场置于广大的社会、政治和其他各种背景之中,才能历史地理解市场。"[②]

主流经济学认为,参与市场的主体具有逐利的动机,这是他们行为的动力之所在。斯密说:"我们每天所需的食料和饮料,不是出自屠户、酿酒家或烙面师的恩惠,而是出于他们自利的打算。我们不说唤起他们利他心的话,而说唤起他们利己心的话。我们不说自己有需要,而说对他们有利。""他如果能够刺激他们的利己心,使有利于他,并告诉他们,给他做事,是对他们自己有利的,他要达到目的就容易多了。"[③]马歇尔认为,在经济上贯彻利己主义原则的人是理性的,其行动就像计算器一样精准,少受情感的左右,具有可预见性。市场机制只有在资源稀缺的条件下才能发挥作用。人的欲望是无限的,而可供满足欲望的经济资源是有限的,在资源约束下,理性的人追求的是以最小的资源满足最大的欲望。[④] 消费者和厂商都是理性的"经济人",消费者追求效用最大化,厂商追求利润最大化,而价格调整两者之

---

① Auerbach, Paul. Competition: The Economics of Industrial Change, Basil Blackwell, Oxford, 1988.

② [澳]西蒙·马金森:《教育市场论》,浙江大学出版社,2008年。

③ [英]亚当·斯密:《国民财富的性质和原因的研究》上卷,郭大力,王亚南译,商务印书馆,1979年。

④ 萨伊认为,"物的有用性"可用效用来衡量,效用体现为满足人的欲望的能力,是脱离客观事物的主观感受;这与马克思所讲的"物的有用性",也就是商品的使用价值是有区别的。(参见[法]萨伊:《政治经济学概论》,商务印书馆,2009年。)

间的行为分歧,并在某一时点上达成一致,形成市场均衡。[1]

但是,有关微观主体逐利动机的观点并不能站住脚。连提出这一观点的人也持怀疑态度。亚当·斯密在宣扬利己主义的同时,也不否认利他主义的存在。但是,他很巧妙地消解了这个矛盾,认为市场行为者主观上利己,但通过交换和信守契约带来了客观上利他的效果。"我们所需要的相互帮忙,大部分是通过契约、交换和买卖取得的。"[2]并且断言,口口声声喊利他的人决干不出好事。针对亚当·斯密提出的观点,Bowles 指出了利己主义的负面影响。他认为,行动驱动力使个体的功用、个人与别人利益的分割、竞争的意愿和能力最大化。市场助长匿名性和流动性,少有明确的承诺和对他人的关心,是促进特定类型的个体发展而惩罚其他类型个体发展的社会环境。[3]

马歇尔也不赞同把经济行为主体简化为"抽象的人",认为经济学是一门研究在日常生活事务中活动和思考的人们的学问。对金钱的欲望并不排斥金钱以外的影响,经济学中也包含着伦理的、情感的因素。[4]

贝克尔则用"偏好"一词解决了金钱与伦理、情感等因素在市场主体行为动机上的矛盾。他把经济学扩大到商品和劳务交换以外的更广阔的领域,认为,"经济学之所以有别于其他社会科学而成为一门学科,关键所在不是它的研究对象,而是它的分析方法。"经济分析的核心是最大化行为、市场均衡和偏好稳定的综合假定。家庭、厂商、工会或管理当局追求效用或福利函数极大化,市场协调各方参与者——个人、厂商甚至国家的活动,

---

① [英]马歇尔:《经济学原理》,朱志泰译,商务印书馆,2009 年。

② [英]亚当·斯密:《国民财富的性质和原因的研究》上卷,郭大力,王亚南译,商务印书馆,1979 年。

③ Bowles, Samuel. 'What markets can-and cannot-do', Challenge, 1991.

④ 同①。

并使这些行为彼此调和。他强调,"稳定的偏好不是对市场上的橘子、汽车或医疗保健等具体产品或劳务的偏好,而是指选择的实质性目标。每一家庭可以使用市场产品与劳务、时间和其他投入要素实现这些目标。这种实质性偏好显示了生活的根本方面,诸如健康、声望、肉体快乐、慈善或嫉妒;它们与市场上的某种具体商品或劳务并无确定的联系。偏好稳定的假定为预见对各种变化的反应提供了坚实的基础。"

在他看来,人们追求的多重目标是有冲突的,因而需要在目标与目标之间寻求一个平衡点。"健康与长寿是绝大多数人的重要目标,但显而易见,它们不是每个人的唯一追求:由于它们与其他目标可能发生冲突,所以,在某种程度上人们也许会放弃健康与长寿的目标;经济分析表明,存在一个适度的期望寿命,这时,增加年份的效用在价值上低于因运用时间及其他资源获得这段时间而放弃的效用。"

贝克尔提出了机会成本的概念,用以解释在资源有限的条件下,人们对可望实现的目标取舍的行为规律。他认为,在社会范围内充当分配稀缺资源职能的除了价格以外,还有其他市场手段。这些手段约束着参与者的欲望并协调着他们的行为,执行着全部或绝大部分的社会学称作"结构"的职能。"经济分析显然不限于物质产品与欲望,甚至也不限于市场领域。不论是市场的货币价格,还是非市场领域的投入要素的'影子'价格,价格所衡量的都是使用稀缺资源的机会成本。""所有人类行为均可以视为某种关系错综复杂的参与者的行为,通过积累适量信息和其他市场投入要素,使其源于一组稳定偏好的效用达至最大。"①

---

① [美]加里·S.贝克尔:《人类行为的经济分析》,王业宇,陈琪译,上海三联书店,上海人民出版社,1995年。

（三）整体与个体

经济学有两种分析视角，一种是从个体层面来分析，即所谓个人主义方法论，另一种是从由个体组合而成的集体层面来分析，即所谓整体主义方法论。个人主义方法论把人看成是抽象的同质的"经济人"，这样的人是自私自利的，其行为准则是追求自身利益的最大化，社会经济现象必须通过个体之间有意识或无意识的行为关系来解释，强调研究经济问题最适当的方法应当在个人的层面上进行，所有社会科学的纯理论都可由个人行为，以及该行为所依赖的特定条件或范围演绎而来。门格尔认为，"国民之类的东西，并不是一个具有需求、能够活动、可以进行经济事务、可以消费的庞大主体；因而，我们称之为'国民经济'的东西，并不是真的在说一个国家的经济如何如何。'国民经济'并不是一种类似于该国家之单个人的经济活动的现象——财政经济也从属于该国家。国民经济并不是一个大型的单一的经济；它绝不是与该国中的诸单个经济活动相对立，或其之外存在的东西。……正是由于这一原因，不管是谁，如果他想从理论上理解'国民经济'现象，理解我们习惯于用那个词所指称的那些复杂的人类现象，就必须将这些现象追溯至其真正的元素，追溯至该国单个的经济活动中，探究从这些单个活动中形成国民经济现象的规律。"[1]整体主义方法论则认为，人是社会整体的一员，也是社会环境的产物，强调社会整体有独自的目的和需要，考察社会经济现象必须从社会整体层面来进行，以此来把握个体行为发生作用的社会影响，以及社会整体行为对个人的制约。

职业教育结构的形成机制体现在两个层面，一是个体层面，即建立在个体需求与学校供给关系基础上的供求机制，这是市

---

[1] ［奥］卡尔·门格尔：《经济学方法论探究》，姚中秋译，新星出版社，2007年。

场机制发挥作用的"场域";二是整体层面,即社会需求与教育结构的对立统一。[1] 个体层面与整体层面是互相关联的。社会需求是产生个人需求的基础,但个人需求又有一定的独立性,个人需求与社会需求之间存在不一致的地方。教育结构是市场机制作用的结果,是基于个体行为关系的基础上产生的。作为社会利益"代言人"的政府,以个体的身份,参与到市场行动中来,调节其他个体的行为,以实现教育结构与社会需求相吻合。职业教育市场生产中掺杂着非市场的因素,非市场因素通过市场因素起作用。有鉴于此,谈论教育结构问题既不能局限于个体层面,也不能浮于整体层面,而应把整体主义方法论与个体主义方法结合起来,从整体层面找出问题所在,从个体层面探究问题之所以在,从而找出问题的解决之道。职业教育结构运行机制如图 2-1 所示。

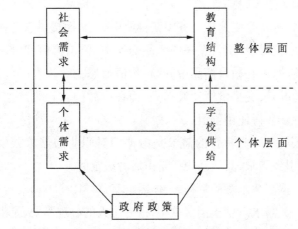

图 2-1 职业教育结构运行机制示意图

---

[1] 农业职业教育的社会需求除了专业农户外,农业企业雇员也是其中一部分,部分农业企业也参与到个体层面的行动中来,如给学生提供奖学金等,但这种情况不具有普遍性。我们把社会需求看成是总体概念,不考虑个别人才需求者的市场行动。

二、个人需求与社会需求

(一) 个人需求

职业教育的个人需求出于对职业的需要,人们对职业的需要是受他们的职业观念支配的,具有多样性和层次性,职业需要只是职业教育潜在的个人需求,能否转化为现实的个人需求,关键看其在实现个人职业需要上的能力,个体的支付能力,以及对机会成本的考量。

1. 职业教育个人需求的定义

西方经济学所讲的需求通常指微观层面的个体需求。萨缪尔森认为,需求是指某一时间内在某一价格水平上消费者愿意并且能够购买的商品数量。[①] 职业教育的需求主体除了受教育者外,还包括家长,家长通常是教育商品购买的货币支付者,在做出购买决策时拥有很大的发言权。教育商品是一种无形的服务,消费者从享受这种服务中获得使用价值,而提供教育商品的学校获得交换价值。在一般商品交换中,使用价值和价值是同时让渡的,而在教育商品中,两种价值形态的转移有时间差,通常的情况是,交换价值让渡在先,而在以后的教育生产过程中,个体逐步获得使用价值。

人们对职业教育的需求是由他们对职业的需求派生出来的,是引致需求,其运动规律是由后者决定的。

根据萨缪尔森的解释,个体需求有这样四个方面的规定性。

(1) 需求产生于消费欲望,欲望是人的心理需要,是潜在的需求,没有消费欲望就不可能有消费动力。职业教育的个体需求欲望表现为人们的职业取向。

(2) 需求的动力是商品的使用价值。对消费者而言,商品

---

① [美]保罗·A.萨缪尔森:《经济学》,商务印书馆,1981年。

是"物的有用性",即有满足欲望的能力,也就是说有效用,对厂商而言,商品的让渡意味着获得交换价值。

(3)欲望转化为现实的需求有赖于消费者的货币支付能力。没有货币支付能力的需求是潜在的需求,不会形成现实的购买力。

(4)需求数量是与一定的价格水平相联系的。消费者的购买行为有一个成本与收益的比较,不仅着眼于本商品的成本与收益的权衡,而且还要与其他商品比较,考虑购买行为的机会成本。

上述四个规定性在个体需求的形成中共同发挥作用。

2. 个人职业需要的特点

个人对职业教育的需求首先发端于职业需要,而这种需要具有多样性和层次性。

大部分经济学家认为,人之所以从事某种职业是受经济利益的驱使。斯密是较早提出这一观点的一位,后来的舒尔茨、刘易斯也持有类似的观点。与斯密的观点有所不同的是,刘易斯认为,与绝对的经济利益相比,人们更看中相对利益。在刘易斯看来,人们之所以不愿待在农村从事农业,是因为城乡收入和福利待遇的差距造成的。[①]

但是,有些学者对人们追求收入最大化的职业倾向表示了质疑。斯科特认为,与收入最大化相比,在生存竞争的压力下,人们更倾向于收入的稳定。"由于生活在接近生存线的边缘,受制于气候的变幻莫测和别人的盘剥,农民家庭对于传统的新古典主义经济学的收益最大化,几乎没有进行计算的机会。典型情况是,农民耕种者力图避免的是可能毁灭自己的歉收,并不想通过冒险而获得大成功、发横财。"[②]韦伯认为,社会地位对人

---

① [美]威廉·阿瑟·刘易斯:《二元经济论》,施炜,谢兵,苏玉宏译,施炜校,北京经济学院出版社,1989年。

② [美]詹姆斯·C.斯科特:《农民的道义经济学:东南亚的反叛与生存》,程立显,刘建等译,译林出版社,2001年。

的职业选择是有影响的。在他看来,人们的社会地位有两种,一种是与以市场为取向的经济相联系的经济地位;另一种是与某种特定的生活方式相关联的等级地位。等级地位与经济地位是不一致的,等级地位在以金钱为衡量标准的阶级地位之上,货币财富和企业家的地位本身并非就是等级的资格。正式的教育是建立等级地位、形成等级生活方式的重要基础。不管人们的阶级地位如何不一致,但是,如果因为教育而形成的生活方式是一致的,其等级地位就是相同的。① 凡勃伦的观点与之有共通之处,他认为,在人类历史的相当长时期内,财产占有阶层享有闲适的生活,而社会下层承担繁重的物质生产活动,追求舒适生活,厌恶劳动,成为社会的价值取向,人们的工作本能受到压制。工业社会讲求物质生产至上,财产占有阶层虚荣心的表达方式虽然发生了改变,但是,追求有闲生活方式的"古老遗存"依然存在。② 贝克尔认为,伦理与情感也是影响个人选择的因素,家庭的价值观念在其中起很大作用。"每一个人都会比其他人更敏感地感受到自己的快乐与痛苦……除了他们自己以外,通常与他们一起生活的家庭成员,比如他们的父母、他们的孩子和兄妹等,都是他们最为钟爱的对象,也就自然地经常成为对他们的幸福或者痛苦有着最大影响的人。"③

马斯洛认为,人的价值取向是多方面的。人类价值体系存在两类不同的需要,一类是源于生物的本能或冲动的低级需要,一类是随生物进化而逐渐显现的潜能或需要。他把人的需要由低级到高级分为五个层次,即生理上的需要、安全上的需要、社会上的需要、尊重的需要和自我实现的需要。他认为,人的不同

---

① [德]马克斯·韦伯:《经济与社会》上卷,商务印书馆,1997 年。
② [美]凡勃伦:《有闲阶级论》,商务印书馆,2009 年。
③ [美]加里·斯坦利·贝克尔:《家庭论》,王献生,王宇译,商务印书馆,2009 年。

层次的需要是同时存在的,但是,在不同的时期,人满足各种需要的迫切程度是不同的,在高层次的需要充分出现之前,低层次的需要必须得到适当的满足。[①] 他指出,"仅仅以金钱作为'报酬'这样一个框架显然已经过时。的确,低级需要的满足是能用金钱购买的——但当这些目的已经达到时,人们就只受高级'报酬'的激励了,例如,归属性、感情、尊严、敬重、欣赏、荣誉,以及自我实现的机会和最高价值的培养——真、美、效率、卓越、正义、完善、秩序、合理等等。"[②]

马斯洛把精神追求看作是人的本质特征,他认为,人只有在工作中找到精神寄托,才能把它视为生活的一部分,并从中找到快乐。他说:"精神生活也是人的本质的一部分。它是人性的一个规定性特征,没有它,人性便不成其为充分的人性。它是真实自我的一部分,是一个人的自我同一性、内部核心、人的种族性的一部分,是丰满人性的一部分。"[③]在他看来,"这种热爱事业的人(注:追求精神生活的、自我实现的人)往往能和他们的'工作'打成一片(投射于工作,结合于工作),并使工作成为他们自身的一个规定性特征。工作成为他们自身的一部分。"[④]

马斯洛认为,人能否按自己的价值观生活是与社会大环境分不开的,自身价值的实现需要有来自社会文化方面的呵护,其中低层次的需要得到满足是基本。他指出,"我们所说的精神生活(或超越性生活,或价值生活)很明显是根源于人的生物学本性。它是一种'高级的'动物性,其先决条件是健康的'低级'

---

① [美]亚伯拉罕·马斯洛:《动机与人格》,许金声等译,中国人民大学出版社,2007 年。

② [美]亚伯拉罕·马斯洛:《人性能达的境界》,林方译,云南人民出版社,1987 年。

③ 同②。

④ 同②。

动物性,即两者是在层次系统上整合起来的(而不是互相排斥的)。但这种高级的、精神的'动物性'非常胆怯和微弱,非常容易丧失,非常容易被更强大的文化势力压碎,因此,它只有在一种支持人性并积极促进人性最充分发展的文化中才能广泛实现。"①他认为,在基本需求得到适当满足后,人的行为需要得到高级方式的激励,也就是实现自我价值的精神动力,并称之为"超越性动机"(metamotivation)。

有趣的是,一些坚持认为人的行为是受经济利益驱使的经济学家也不否认人们的职业取向是多方面的。例如,亚当·斯密在同一本著作中认为,劳动报酬的多少不仅看收入绝对额的大小,还要看职业本身难易、尊卑,责任的大小,学习的难易程度,学费多少,稳定性,进入门槛的高低以及成功的可能性大小,并且认为,收入与这些影响因素之间存在此消彼长或互相促进的关系,"对于一切尊贵职业,荣誉可以说是报酬的大部分,……从事此等职业的报酬一般都很有限。"②

综上所述,人对职业的需要是多样的和有层次的,不能简单地归结为对物的追求,如果把金钱作为工作的唯一动机,那么人就简化为没有差别的物化的人,而不是有自身的价值追求,有情感的生活中的人。追求金钱,以谋求生活的改善固然是其中一个方面,但这不是核心的因素,人从工作中得到精神生活的充实是人区别于动物本能的根本之所在,是人们从业的内在动力。只有寻找到符合自己生活方式的职业,人们才能很好地把工作与生活合二为一。人对自身价值追求能否实现或一以贯之是受社会制度影响的,社会的等级地位、经济地位观念、家庭的价值

---

① [美]亚伯拉罕·马斯洛:《人性能达的境界》,林方译,云南人民出版社,1987年。

② [英]亚当·斯密:《国民财富的性质和原因的研究》上卷,郭大力,王亚南译,商务印书馆,1979年。

观念、收入的保障制度等,都有可能促进之,或使其夭折,这些因素是作为外因起作用。作为引致需求,职业教育的个人动力也存在一个内因和外因的问题,切不可丢掉内在的价值观念,一味强调外因,使之简单化为金钱、地位等外在的东西,也不可忽视外部因素在观念培育和观念转化为实际行动中的作用。

3. 职业教育在满足个体职业需要上的作用

大部分学者认为,教育能够增进人的知识和技能。斯密从获取经济利益的角度,点出了教育这一有用性。他说,"学会这种职业的人,在从事工作的时候,必然期望,除获得普通劳动工资外,还收回全部学费,并至少取得普通利润。而且考虑到人的寿命长短极不确定,所以还必须在适当期间内做到这一点,正如考虑到机器的比较确定的寿命,必须于适当期间内收回成本和取得利润那样。熟练劳动工资和一般劳动工资之间的差异,就基于这个原则。"[1]在他看来,教育使人的劳动能力由"一般"走向"熟练",基于这一跳跃,人们获得了更高的收入回报,一句话,教育的有用性体现在提升人的劳动能力上。人力资本理论的代表人物舒尔茨具体阐释了斯密的观点,认为个人投资教育可以提高自身潜在的生产能力。[2]

有部分学者对上述说法提出了质疑,认为教育的有用性更多地体现在学历文凭上,而不是传授知识和技能上。刘易斯从人们谋求更高收入的动机出发,阐释了学历的重要性。他说:"当20%的孩子读书上学时,只要他们能完成学业,城市中就会有一个收入理想的职业在等待着他,其薪金相当于种田人的好几倍,于是农村学校就成了父母和孩子心目中通往城市丰厚薪水职业的途径。而现在当一半以上的孩子完成学业时,这就不

① ［英］亚当·斯密:《国民财富的性质和原因的研究》上卷,郭大力,王亚南译,商务印书馆,1979 年。
② ［美］西奥多·W.舒尔茨:《人力资本投资》,商务印书馆,1990 年。

可能了。实际上,本来初级学校毕业生可以得到的高级职位现在也变得有限了,因为有 10% 的孩子就学于高级学校,这使得初级学校毕业生在等级中地位更低。"在刘易斯看来,学校就是文凭的生产机器,在这架机器的运转中,农村孩子作为劳动力被源源不断地向城市输送,以获取更高的收入。

有些学者指出了教育文凭在社会等级划分上的作用。马金森认为,人们从教育中获得的是通向更高社会地位的入场券,在学历社会中,这种入场券就是毕业文凭。他把学生购买的教育商品称为自我完善的商品,并把这种商品细分为地位商品和精神需求商品。他认为,地位商品就是教育"为学生在将来的工作、收入、社会地位和特权的竞争中提供相关利益。"他认为,到目前为止,教育生产的最重要的商品就是地位商品。在他看来,在教育领域,地位商品的获得常常通过学历证书来表示,消费者凭借学历证书进入劳动力市场或向后续教育过渡。教育中地位商品为学生提高社会等级和获得高收入职业提供了机会,是父母及其子女追求的消费利益。①

赫希则对这种地位商品的特征做了解释。他认为,地位商品必须具有稀缺性,有一种供给上的数量限制,当生产的增长增加其可获得性时,地位商品的价值将下降。教育可以向每一个人提供知识、技能或社会经验,在训练有素的劳动力生产上,其潜力是无限的,但就地位商品生产而言,是有限制的。"个体在社会中的发展只有通过升入同人中的高级位置才有可能,就是说,通过改善涉及别人表现的自己的表现才有可能。如果每一个人踮起脚尖翘首以待,那么没有一个人看起来比较棒。在出现社会互动的地方,个人行动不再是实现个人选择的可靠手段:想要的结果可能只有通过集体行动才能获得。有地位的部

---

① [澳]西蒙·马金森:《教育市场论》,浙江大学出版社,2008 年。

门……就其本性而言是个体竞争的领域。它是传统资产阶级气质的领域，是个体无限地争取只有少数人能获得的回报和奖赏（获得殊荣、任职、领导地位的机会）的领域。这里，它只有通过资产阶级式的出人头地才有可能，而不是通过工人阶级或公社式的伴随同人。共同的发展，是大众的传统成长过程，在这一部门没有任何位置。"[1]

在赫希看来，地位商品的性质有正反两方面的影响：一是导致较高的教育参与，二是淡化了教育自身的价值。对地位商品的"一贯偏爱"驱动着人们投资于较高层次的教育以便实现他们的期望，同时也驱动着学校之间为提高在教育部门的位置而展开激烈的竞争，以培养劳动力素质为内容的学校教育逐渐异化为追求形式的华美，它们在提高办学层次上有着强烈的冲动，以提高他们文凭的"含金量"。

马金森和赫希的观点强调了学历文凭在社会分层中的作用。在他看来，教育异化为发放学历文凭的工具，学历文凭是划分社会阶层的工具，高学历的人通向社会上层，低学历的人则在社会地位的竞争中处境不利，教育的普及使得通往社会上层的学历层次不断提高。但是，与刘易斯一样，他们把人简单化为追逐利益的抽象的人，忽视了人的差别，没有看到职业是人生活上和精神上的需要。人生来不是把工作与社会等级挂钩的，只是在浓厚的等级社会气氛下，才有了这样的观念，即便如此，人也还是有追求个人职业成长的愿望。不同的人，事业心强弱程度可能有所不同。对有职业抱负的人而言，教育的有用性不止在于获得形式上的学历文凭，更重要的是获得知识和技能。

筛选理论、劳动力市场二元理论则从另外的角度佐证了教育文凭主义的倾向。筛选理论认为，在劳动力市场中存在信息

---

① ［澳］西蒙·马金森：《教育市场论》，浙江大学出版社，2008 年。

不对称，雇主对人的生产能力的识别存在信息障碍，为节省信息搜寻成本，雇主一般以劳动力的受教育程度，以文凭作为用人的依据。劳动力市场二元理论认为，劳动力市场分为两个层次："头等劳动力市场"和"次等劳动力市场"。前者提供大公司工作，受雇者有稳定的收入和社会保障；后者主要是提供中小企业的工作岗位，受雇者工作不稳定，收入低，没有社会保障。拥有高学历的人很容易被"头等劳动力市场"接受，而学历层次低的人一般被纳入"次等劳动力市场"中。①这两个理论从不同的侧面论证了学校教育蜕变为为受教育者提供谋取社会经济地位的通行证的观点。但是，它们有一个缺陷，即研究视野局限在劳动力市场上，没有看到劳动力市场之外自我雇佣的情况。事实上，在农业上，家庭经营是主要的生产组织形式，自我雇佣是有志于农业的人实现就业的一大途径。在自我雇佣的情况下，与形式（文凭）相比，消费者更看中教育的内容，看中教育对自身素质提升有没有帮助。

我国学者刘精明将教育分成两种类型：生计取向教育和地位取向教育。所谓生计取向教育是指个体为满足基本的谋生需求所需接受的教育；地位取向教育则是指个体为实现社会地位升迁所需接受的教育。他认为，随着教育事业的普及，这两种教育在学历层次上的分界线发生了位移。新中国成立初期，初中教育就是社会地位的象征，而到了改革开放初期，初中文凭已经很难得到社会认同，普通高中和中专教育成了学生升学的热门，20世纪90年代以来，大学的扩招使得这一分界线向本科教育推进。他通过实证分析发现改革开放以来，地位取向教育得到

---

① 曾满超：《七十年代以来国外教育经济学的新发展》，《教育与经济》，1986年第2期。

了加强,而面向普通劳动者的生计取向教育发展受阻。① 刘精明论证我国社会阶层分化中教育文凭的作用,这与马金森等人的观点相同。所不同的是,他强调了对谋取生计者而言,教育在授人以技上的有用性。

由此看来,在崇尚个人物质利益和地位等级的社会中,职业教育的作用不是满足人的职业成长的需要,而是被异化为学历文凭的生产工具。这样的职业教育是否有利于社会进步和人的全面发展是令人怀疑的。

4. 职业教育需求者的支付能力

职业教育需求能否实现取决于消费者的支付能力。斯密认为,个人从职业教育中获得劳动的知识和技能,理应承担部分教育费用。他说:"这些费用全部由那些在该项教育和学校中获得直接收益的人来支付,或者由那些认为自己有这样或那样理由的人自愿捐献,恐怕同样妥当,甚至还有一些优点。"②斯密是从金钱上考虑问题的,对此,贝克尔提出了不同的看法。他认为,个体在投资教育时,付出的不仅是金钱,还包括时间、精力,因而,受教育的付出成本不能仅考虑以货币支付的实际价格,也要考虑时间和精力的花费所带来的机会成本。在农业家庭经营中,子女通常干一些辅助性的工作。如果送子女到学校去上学,就减少了家庭劳力,会给家庭带来经济上的损失。

大部分研究表明,家庭通常都舍得在子女教育上投资。贝克尔认为,家庭是最基本的经济单位,市场适用利己主义原则,而家庭内部通行的是利他主义原则,父母的效用一部分寄托在对孩子前途的期许上,父母愿意减少自己的消费(包括空余时

① 刘精明:《国家、社会阶层与教育——教育获得的社会学研究》,中国人民大学出版社,2005 年。

② [英]亚当·斯密:《国民财富的性质和原因的研究》上卷,郭大力,王亚南译,商务印书馆,1979 年。

间），省出时间并节约财产，以用来花在孩子抚养、教育、培训和健康上。[①] 贝克尔的观点表明，个体能否接受职业教育受制于家庭的经济条件。

对经济条件很好的家庭，教育开支不是大问题。但是，对条件差的家庭来说，教育费用却是一大笔开支，有没有支付能力是决定这些家庭教育需求的关键问题。刘精明的研究表明，在教育普及的背景下，职业教育成为面向社会底层家庭的教育形式，接受这样教育的学生家庭经济条件不好。周正在对哈尔滨中等职业学校调查分析后认为，职校生多数来自中下层的家庭，这些家庭在经济状况、社会地位、文化水平等方面均处于相对弱势，相当比例的学生来自落后的农村，部分家庭在支付子女学费上感到负担很重，很多职校生希望早点出来工作，减轻家庭负担。

上述学者的观点表明，个人从职业教育中获得职业成长的机会，理应支付教育费用，有没有支付的能力取决于家庭经济状况，职业教育的受教育者家庭经济条件普遍欠佳。

5. 个体对职业教育成本与收益的权衡

人们的经济行为离不开对成本与收益的考虑，是否选择接受职业教育除了要衡量支付能力外，很重要的一条是看付出后能够得到些什么，以及能够得到多少。斯密是从金钱的得失上看待这一问题的。他认为，人们在教育上的投资，如同固定资产投资，要在知识和技能的使用过程中逐步收回，并且获得超过投资的收入回报。舒尔茨等人后来又进一步论证了斯密的观点。但是，斯密的论述中有一个矛盾，一方面他认为收入高低与职业培训的难易程度成正比，从事农业所需技能培训的难度很高，另一方面他列举的高收入人群并不包括自由职业者的农民。他也不能很好地

---

① ［美］加里·斯坦利·贝克尔：《家庭论》，王献生，王宇译，商务印书馆，2009 年。

说明,在收入低的情况下,为什么还有人专心于农业生产。看来,仅仅从经济得失上考虑问题是难以自圆其说的。

贝克尔用"偏好"一词巧妙地把收入、地位、情感等方面的需求欲望全包括进去了,但是,他不能指出这些因素中哪些是主要的,哪些是次要的,哪些是内因,哪些是外因,从而也难以评价出人们接受职业教育得失之所在。他的另一贡献在于用机会成本的概念来衡量人们行动的得失,从中不难体会出,人们接受职业教育不是看自身利益增进的绝对量,而是在与接受其他教育相比,利益增进的相对量。

研究表明,农民在我国的社会经济地位是不高的。陆学艺以职业分类为基础,以组织资源、经济资源和文化资源的占有状况为标准,将我国社会分为十大社会阶层和五大社会经济等级。农业劳动者阶层在这三种资源的占有量上均不占优势,其社会经济地位不高。同时,该报告还指出,农业劳动者内部也是有分化的,农业专业户或承包大户的社会经济地位比较高,从事小规模经营的普通农民相对较低,同样是农业经营大户,社会和经济地位也是不平衡的,他们的经济地位高于社会地位。该报告还承认,20世纪90年代以来,农民阶层分化加快,一部分农民实现了向非农产业的职业流动。[1] 基于不高的社会经济地位,为什么有的农民还继续从事农业,有的还上升为专业经营大户?对此,这份报告并没有给出具体的答案。

日本学者盐见定美认为,农业劳动辛苦,作息时间不固定,工作内容和强度必须顺应自然界的变化。但是,盐见也指出,农业劳动能给人带来精神享受,与其他职业相比,农业少有分工,农业劳动过程贯穿从播种到收获的全过程,在这个过程中,农民

---

① 陆学艺:《当代中国社会阶层研究报告》,中国社会科学文献出版社,2002年。

与动植物打交道,亲眼看到它们的生长和发育,见证自己的劳动成果,这种成就感是他人难以得到的。农民不用担心失业,按自己的方式组织生产,劳动少受人监督,且没有法定的退休年龄限制,只要干得动,想干多久就可以干多久,认同这种生活方式的人可以获得精神上的自由和充实。①

虽然我们谈到职业教育需求,往往把它和职业需求联系在一起,但是,两者并不是一回事,由职业教育受教育者到职业人,这中间有一个过渡。马克思在谈论私人劳动与社会劳动时指出,私人劳动生产的是使用价值,也就是产品,而能否转化为商品,需要为社会所接受,只有实现了这种转化,私人劳动才能得到价值补偿而继续下去,他把这种转化称为"惊险的一跳"。②在这里,我们不妨把由受教育者到职业人的过渡说成是"惊险的一跳",实现了这一跳,受教育者才能被社会工作岗位所接受。农业职业教育的受教育者要到农业中去就业,当种养大户,不是像其他职业一样通过劳动力市场去实现的,而是要到农村去实现自我雇佣;而达到这一步,关键是要能与土地、资本等要素相结合,要能被附着于土地之上的乡村社会所接纳;这当中离不了相应的制度做保障。

（二）社会需求

农业职业教育的社会需求是生产和再生产有志于农业的合格的劳动力,是由社会对农业的人才需求派生出来的。基于农业的特性,农业从业者需要有体力、组织能力、生产技能和经营能力等多方面能力的全面发展,这些能力要在实践中得到历练,而作为自我雇佣的独立经营者,还要具备企业家精神。

---

① ［日］盐见定美：《青年农民形成论》,日本农林统计协会,2000年。
② 马克思,恩格斯：《马克思恩格斯全集》第49卷,人民出版社,1982年。

1. 多方面的才能

学者普遍认为,农业劳动少有分工,从事农业的人需要有多方面的生产技能。古罗马时代的作家瓦罗所写的《论农业》是早期论述农业技艺的一本经典著作,通观这本书,不难看出,农业不是一个随意分工的产业,农业劳动要顺应气候、土壤特性、地形地貌,以及动植物的生长习性等方面的自然规律,从事农业所需要掌握的技艺包罗万象,诸如土壤分析、气候的特性、动植物的形态观察,农舍的布局和修造,农业生产工具的使用和维修,以及农产品的储藏和加工。[①]

斯密是推崇社会分工和生产专业化的代表人物,但是,他并没有把这一观点延伸到农业上,而是认为农业劳动不适合分工。他说:"犁地、耙地、播种和收获则常常由同一人担任。随着一年季节的变化就需要进行这些不同种类的劳动,不可能使一个人固定从事其中的任何一种。不可能把农业中使用的所有各种不同种类的劳动做彻底的划分……"[②]

萨伊对斯密的分工理论提出了质疑,认为社会分工既有利,也有弊。他指出,"一生专干一种工作的人,对这工作一定比别人干得更快更好。但与此同时,他将比较不适合于一切其他工作,不管是体力工作或脑力工作。他的别项才干将逐渐减退,或完全消失,其结果,作为一个人说,他是退化了。"萨伊分析了不同行业分工所能达到的高度,认为与其他行业相比,农业最不允许分工。他说:"农业本身的性质,使一贯和一致的措施难以实行,经营者必须视耕作下粪和施肥方法的不同,每个工人工作性质的不同,气候的变化等等,随时采用权宜措施或发出指示……不可能把许多人集中一处,全体都来种植同一种农作物。他们

---

① [古罗马]M. T. 瓦罗:《论农业》,王家授译,商务印书馆,2009年。

② [英]亚当·斯密:《国民财富的性质和原因的研究》,杨敬年译,陕西人民出版社,1999年。

所耕作的土地分布全球,这使他们不得不在相距很远的不同地点从事工作。农业的性质也不允许一个人不断地专搞同一种工作。一个人没有可能长年累月一直犁田或挖土,正如一个人不能整年都从事割稻工作一样。并且,很少有一个人的土地全部用于种植同一种农作物,一块土地也很少继续种植同一种农作物许多年。如果这样做,这块土地的地力,不久便将耗竭。即使假定一块土地全部用于种植同一种农作物,但一切准备工作、施肥工作、收割工作也必定在同一季节进行,在其他季节,工人便无事可干。"[①]斯密和萨伊两人虽然在分工问题上有争议,但他们都不否认,农业劳动是分散的,其内容顺应自然不断变化,从业者难以在程序化的工作指令下分工劳动,有必要掌握多方面的劳动技能。

在现代农业中,专业化生产和社会化服务不断推进,理论界对农业分工问题有了新的思考,但是,很少有人否定斯密等人的观点,即农业不是一个随意分工的产业。相反,不少学者认为,农业组织方式和技术的改进并不能从根本上改变农业劳动的不可分割性。比如,罗必良指出,农业生产的专业化分工是有限的,农户经营到底有多大的部分可以通过外部组织来完成,取决于自然因素和市场的交易成本,即便是可以寻求外部支持的工作环节,有时也因为农时紧迫,也必须要由农户自己亲自完成,有的情况下,手工作业也是不可缺少的。[②] 由此看来,传统农业所需要的劳动技能在现代农业中也是不可或缺的。不仅如此,不少学者还指出,农业技术进步、农业机械的广泛应用使得现代

[①] [法]萨伊:《政治经济学概论》,陈福生,陈振骅译,商务印书馆,1997年。
[②] 罗必良:《现代农业发展理论——逻辑线索与创新路径》,中国农业出版社,2009年。

农业所需要的技能比以往范围更广。[①] 日本学者安藤义道描述了当今日本农民生活状况，其中提到，在技术进步下，农民除了精通田间耕作和家畜的日常饲养外，还要摸索农机维修、动物的人工授精、突发疫病的防控等新的技术方法。

农业从业者不仅要有生产方面的技能，还要有经营能力。日本神谷庆治认为，农业有两层含义，一是"农"，二是"业"。"农"是与动植物培育相关的生产活动，"业"则指经营活动。[②] 学者们普遍认为，家庭经营是农业的主要组织形式，生产与经营结合在一起是这种组织形式的特征之一，农户需要具备双方面的能力。古罗马时代，农业主要还是自给性的，商品农业还没有普遍发展起来；即便是如此，瓦罗在谈农业技艺时，也还是涉及经营方面的内容。他在谈孔雀饲养技术时说道："他的做法（注：食用孔雀肉蛋）马上为许多人所仿效，结果孔雀售价上升，孔雀蛋每个竟卖到五底内瑞乌斯，而每只鸟可以毫不费力地取得五十底内瑞乌斯，一百只一群的很容易卖到四万塞斯特色斯，……那么就可以赚到六万塞斯特色斯。"恰亚诺夫认为，在资本主义经济时代，农户仍然是农业的主要组织形式。在他看来，资本主义大农业的发展，并不意味着农户经济的消亡，在与资本农业的竞争中，融家庭生活与农业生产为一体的农户有着很强的生命力。但是，他强调，在这个时代，农户绝不是自给自足的孤立组织，而是在市场交换中实现与资本主义的连接，通过专业化生产，融入商品农业与社会分工体系中去。[③] 由此可见，商品农业的发展对农户的经营能力要求更高。黄宗智等人论述了中国农业现代化的路径，认为从

---

① ［日］安藤义道：《现代农民的生活史与务农行为》，日本御茶水书房，1999 年。

② ［日］斋藤诚：《农政与农民教育》，日本农村更生协会：《农民教育的课题》，信山社，1989 年。

③ ［俄］A. 恰亚诺夫：《农民经济组织》，中央编译出版社，1996 年。

事多种经营的家庭小农场是未来中国农业的主要组织方式。在他看来,人多地少是中国农业的客观存在,这一点是有别于欧美的,其未来不在于大规模机械化的农场,而是在于资本—劳动双密集化的小规模畜—禽—鱼饲养和菜—果种植家庭农场。小规模家庭农场其实比大农场更适合中国农业,从事多种经营的家庭农场需要的是频繁的、多种小量的手工劳动,得不到简单的规模经济效益,更多依赖的是范围经济效益。以家庭农场为核心的农业组织形式能够使农业容纳更多的劳动力,同时有利于发挥土地的生产力,缓和中国的人地矛盾。① 从黄宗智等人的论述中,可以看出,多种经营下的家庭农业是我国农业的基本组织形式,这就要求农业从业者不仅要掌握多方面的生产技能,而且要有适应市场变化的经营头脑。

除了生产和经营能力外,农业从业者还要有组织能力。部分学者从农业的纵向一体化的角度触及了这一点。恰亚诺夫虽然强调农户在农业组织中的核心地位,但他并不排斥农户之间的联合组织——合作社,他认为合作社是农户对抗资本主义剥削的有力武器。在资本主义时代,农业规模的扩大,更多的不是横向上的,而是纵向上的,即不是通过单一农户生产规模的扩大来实现的,而是通过农户之间在经营活动的某些环节上的合作来实现的。黄宗智等人也认为,家庭小农场仍然需要从生产到加工到销售的纵向一体化,合作组织正是在这样的背景下,由农户自发组织起来的,既保持了家庭经营的独立性,同时又使农户享受到加工和销售上规模经济所带来的好处。农业企业的发展并不能否定合作社在农民经济组织中的核心地位。虽然这些学者没有进一步论及农户组织能力在合作组织发展中的作用,但

---

① 黄宗智,彭玉生:《三大历史性变迁的交汇与中国小规模农业的前景》,《中国社会科学》,2007 年第 4 期。

是,我们由此还是能够体会出这一点的。

也有学者从另外的角度,如农业从业者的组织能力问题,来进行论述。他们认为,农户不是孤立存在的,而是嵌入于乡村社会之中的,农业经营离不开乡村组织。温铁军对中国农村近百年来的基本经济制度进行了梳理,认为中国农户经营离不开村庄共同体,土地及与土地经营关联的道路、灌溉等设施并非是由农户排他性的占有,部分带有村落社会的公共性质,这就使得农户经济不可避免地卷入到村庄组织中。[1] 于建嵘对中国的村庄政治进行了深入研究,认为农户经济是与乡村政治经济大环境相关联的。[2] 有学者指出,村庄带头人在带领农民致富和发展农村经济中有不可替代的作用。符钢战等人以中西部农村能人和浙江农村能人的抽样调查数据为基础,研究中国农村能人的规模、特征和作用,认为新农村建设的微观基础是村域经济,而农村能人在村域经济发展中起着关键作用。[3] 合作社及乡村政治经济的发展,都离不开农户的参与,这就要求农业从业者具备一定的组织能力,农业职业教育的受教育者要成为未来推动农业生产方式转型的新型农民,有必要具备这方面的素质。

由此可见,农业生产所要掌握的技能是综合性的。面向其他产业的职业教育可以基于劳动分工,细分专业门类,使受教育者精于某一具体劳动技能,而农业职业教育却不能削足适履,使学生片面发展,从而丧失农业生产经营上的应变能力。

---

[1]　温铁军:《中国农村基本经济制度研究——"三农"问题的世纪反思》,中国经济出版社,2000年。

[2]　于建嵘:《岳村政治——转型期中国乡村政治结构的变迁》,商务印书馆,2005年。

[3]　符钢战,韦振煜,黄荣贵:《农村能人与农村发展》,《中国农村经济》,2007年第3期。

2. 实践能力

不少学者指出，农业适应自然界变化的特性决定了农业经营能力固然少不了书本知识的传授，但更多地还是从实践中摸索出来的。

马克思早就论述了农业与其他产业的差异。他认为，劳动首先是人与自然之间的接触过程。这里的自然是指有别于人的一切自然物，其中大部分是已经加工过且有待再加工的劳动产品。而与农业劳动打交道的自然物更多的是土壤、山川等初始自然物，以及从初始自然物中直接索取出来有待加工的自然物，如稻谷、牲畜。他指出："在所有生产部门中都有再生产；但是同生产联系的再生产只有在农业中才是同自然的再生产一致的，在采掘工业中就不是这样。"[①]基于这一点，有学者认为，只有在生产实践中，人们才能更深刻地体会土壤、气候和动植物的变化规律，找到经营的感觉，而达到这一点，不是书本知识所能做到的。

被马克思主义者斥为庸俗经济学家的萨伊虽然在否定劳动价值论上不被称道，但是在强调农业实践的重要性上还是很有见地的。他指出，"农业、制造业和商人以利用已经获得的知识满足人类的需要为职业。但我得进一步说，他们还需要另一种知识，这种知识只能从他们职业的实践中获得。这种知识叫做专门技能。最精通学理的植物学家，尽管学问比他的佃户丰富得多，但在企图改良自己的土地，多半不会搞得像后者那么成功。"[②]斯密、萨伊等人看到了生产实践对农业技能增进的重要性，这是很有见地的。

日本学者细谷俊夫在对学徒制度做了仔细的研究后，认为，

---

① 马克思，恩格斯：《马克思恩格斯全集》第 26 卷，人民出版社，1979 年。
② ［英］萨伊：《政治经济学概论》，商务印书馆，2009 年。

过去那种徒弟跟着师傅边劳动边学习的方式对于培养未来职业人的劳动能力是很有帮助的,学校制度远离了劳动现场,其取代学徒制度有追求教育效率的因素在里面,普通教育的普及使得职业学校过多讲授书本知识显得多余。①

毛泽东主张,必须把学校教育延伸到生产实际中去:"一个人从那样的小学一直读到那样的大学,毕业了,算有知识了。但是他有的只是书本上的知识,还没有参加到任何实际活动,还没有把自己学得的知识应用到生活的任何部门中去,像这样的人……他的知识还不完全。""最重要的是,善于将这些知识应用到生活和实际中去。"②

3. 企业家精神

舒尔茨认为,传统农业走向现代农业,关键的一点是要注入新的生产要素。在他看来,这些新的要素不外乎资本、技术和经过教育培训的高素质的劳动力。但是,不少经济学家们认识到,企业家精神也是不可缺少的。

企业家这一概念的提出最早可以追溯到萨伊。他认为企业家就是从事经营管理的冒险家。"冒险家"一词本身就是与进取心联系在一起的。萨伊认为,亚当·斯密笼统地把企业主的利润看成资本投入的结果,忽视了其中包含他们作为冒险家所获得的报酬,正是冒险家的个人品质和能力,即判断力、坚毅、常识和专业知识,才创造出了供人类消费的产品。他说:"总而言之,他必须掌握监督与管理的技术。他必须敏于计算,能够比较产品的生产费用和它在制造完成与运抵市场后所可能有的价值。在搞上述复杂工作的过程中,有许多必须克服的困难;有许多必须抑制的忧郁;有许多必须补救的不幸事故;有许多必须计

---

① [日]细谷俊夫:《技术教育概论》,肇永和、王立精译,清华大学出版社,1984 年。

② 毛泽东:《毛泽东选集》第 3 卷,人民出版社,1991 年。

划的权宜手段。那些不具有上述品质与技能的人,事业就不成功,他们的商号不久便一败涂地,而他们的劳动不久也没有了用处。"①萨伊笔下的企业家才能是一个笼统的概念,既包括工作技能、专业知识,也包括精神层面上的进取心。但是,从他的论述中不难看出,工作的主动性和创造性在其中的核心作用。有知识和技能的人很多,但是,并非这些人都能成为企业家,只有不畏艰险,坚忍不拔,追求事业成功的人才可能成为企业家。进取精神是企业家的灵魂,知识和技能可以边干边学;但是,失去了精神支柱,也就失去了冒险的动力,知识和技能从何谈起。萨伊认为,农民也是企业家,虽然他们并不需要太多的知识,他说:"并不是所有产业部门都需要同程度的能力与知识。我们不指望一个冒险从事耕作的农民具有像一个冒险跟遥远国家贸易的商人那么广泛的知识。上述农民掌握有两三种一般农作知识就行了。但从事于需要经过长时间以后才得到利润的商业,却需要高深得多的知识。"②萨伊把农业看成知识含量低的行业显然是不可取的,现代农业不断吸收各种新技术,如生物技术、信息技术,农业从业者所需要的知识并不比商业人员少。但是,他把农民列入企业家行列中,还是很有见地的,农户是独立的经营者,与其他行业的企业家一样,勇于进取的精神因素是不可或缺的。

马歇尔最早提出"企业家才能"这个概念,并且把它与资本、劳动等一并看成生产要素。与萨伊一样,他也不否认精神动力是企业家才能中的主要方面。同时,他认为,在不同的工作中,企业家才能的重要性是不一样的,低技术含量的,专业性不强的工作需要具备更多这方面的素质。他说:"正像工业技术

---

① [法]萨伊:《政治经济学概论》,商务印书馆,1997年。

② 同①。

和能力日益越来越多地有赖于判断、敏捷、智谋、细心和毅力等广泛的才能一样——这些才能不是某一行业所特有的,而是对一切行业都有用的——经营才能也是如此。事实上,经营才能比低级的工业技术和能力,包含更多的这些非专门的才能:经营才能的等级越高,它的应用就愈多种多样。"①农业分工不细,工作专业性不强,农户分散、独立作业,要把农业经营干好,成为企业家式的农民,无疑不可缺少进取心,但是,这样的农民所具备的技能未必就比其他行业的企业家少。

熊彼特从宏观经济的角度来谈企业家精神的重要性。在他看来,经济发展的动力来自于创新,来自于与发现新的市场、新的生产技术、新的生产组织形式、新的产品和新的原料来源,而创新离不开勇于尝试新事物的冒险精神。② 不难看出,在商品农业中,农户在经营上面对瞬息万变的大市场,要取得成就,也是在不断创新,而要做到这一点,哪能缺少敢于冒险的企业家精神?

张晓山等人认为,具有企业家精神的合作事业倡导者和推动者是中国农民合作社发展的基本条件。农业合作社的纵向一体化的组织形式,其发展离不开具备创造精神的领办人。除了创新精神外,合作社的领办人还要有甘于奉献的合作精神。"合作社的成功创建和运营离不开具有合作精神的企业家人才。具有合作精神、愿意为广大社员服务的企业家人才是成功创办农民合作社的一个必要条件。"③张晓山等人的论述拓展了企业家精神的内涵,至少在农业上,要做企业家式的农民,创新精神和合作精神都是不可或缺的。

---

① [英]马歇尔:《经济学原理》上卷,商务出版社,1987年。
② [美]约瑟夫·熊彼特:《经济发展理论——对利润、资本、信贷、利息和经济周期的考察》,商务印书馆,1990年。
③ 张晓山,苑鹏:《合作经济理论与中国农民合作社的实践》,首都经济贸易大学出版社,2009年。

上述学者并没有指出企业家精神是如何养成的,管理学专家德鲁克则对此进行了思考。他认为,不断学习、勇于创新的精神来自基础教育。在他看来,当今社会是一个不断创新的社会,在这个社会中,知识和技能不断更新,人要取得成就,需要具有持续不断的学习和再学习的能力,终身学习的动力来自于在基础教育阶段求知兴趣的萌发。在他看来,专业教育"降格纯粹的职业及专业训练,这将危及社会的教育基础甚至社会本身。"①德鲁克虽然论述的是终身学习的重要性,没有直接谈到企业家精神的养成,但是,我们不难体会出,创新就是企业家的本质之所在,创新就意味着探索新知识,这种求知欲望不是人生来就有的,而是教育养成的价值信念和工作兴趣。在现代农业中,知识和技能也不是一劳永逸的,新知识和新技能的探索贯穿劳动过程的始终;但是,在教育早期养成的探索精神和对职业的热爱是推动这一探索的动力之所在。

综上所述,农业对职业教育所培养的人才要求是,要具备多方面的知识和技能,有实践能力,更重要的是要有富于进取的企业家精神。

(三)农业职业教育的社会需求与个人需求之间的关系

西方经济学认为,市场需求是由个人需求组成的,市场需求等于个人需求的总和。但是,职业教育的个人需求与社会需求之间不是部分与总体的关系,两者不具有同一性。

首先,职业教育的社会需求主体不是个人需求主体的总和。职业教育的个人需求主体是学生及其家庭,而其社会需求则是由社会经济发展对人才的需求派生出来的,这种需求一部分通过劳动力市场(即企业对劳动者的雇佣)体现出来;还有一部分

---

① [美]彼得·F.德鲁克:《创业精神与创新——变革时代的管理原则与实践》,工人出版社,1989年。

是通过受教育者自我雇佣体现出来,不管是雇佣还是自我雇佣,都是出于社会的需要。在职业教育上,个体需求是落实到学生和家庭上的市场实体,而社会需求则是超脱于个体的客观存在。

其次,职业教育的个人需求与社会需求的内容不同。个人需求是由个体对职业的需求派生出来的,具有多样性和多层次性,既有来自金钱、地位等方面的需要,也有实现个人价值的需要;而职业教育的社会需求则是可资利用的劳动力,正如朱新生所讲的,"是凝聚在劳动者身上的具有复杂结构的劳动能力。……这种劳动能力概括起来,就是从事某种生产所需要的知识、技能和态度"。[①] 不过朱新生没有意识到,企业家精神是劳动力不可或缺的因素。

再次,影响职业教育个人需求与社会需求的因素是不一样的。职业教育的社会需求是由社会生产力和生产关系所决定的,不同的生产方式下,社会对职业教育的人才需求规模和结构是不一样的,社会生产方式的相对稳定性决定了职业教育社会需求的相对稳定性;与社会需求相比,个人需求的影响因素比较复杂,既有个人的职业取向,也有对学校教育"有用性"的主观判断,还有家庭的经济承受能力,而个人职业取向又受社会文化、家庭的价值观念、个人的兴趣和爱好等多重因素的影响。影响个人需求的因素很大的部分是心理因素,而人的心理对外部环境的变化很敏感,与社会需求相比,个人需求稳定性比较差。对于不同的人而言,个人需求是不一样的,就是同一个人在职业成长过程中,其对职业教育的需求内容都有可能发生变化。

另外,满足职业教育社会需求和个人需求的供给源是不同的。个人需求是通过微观层面的供给主体——学校所生产的教

---

① 朱新生:《论职业技术教育的社会需求与个人需求》,《职业技术教育》,2002 年第 34 期。

育商品来满足的,不同的学校教育商品的品种和质量有差异的,个人需求的满足是有选择性的。所有学校提供的多样化教育商品构成了社会总供给,这是社会需求得以满足的源泉。西方经济学认为,供给是由过去的生产投资形成的,具有滞后性,因而社会总供给调整是有周期的,一旦形成,短期内就难以变动。对应于既有的社会总供给,社会需求是没有多大选择空间的,社会总供给与社会总需求在数量和结构上存在不均衡。

不可否认,个人需求是受制于社会需求的。社会需求是在职业分工的基础上产生的,它由一定社会生产方式所决定,是不以个人意志为转移的客观实在。而职业教育的个人需求是由个人的职业取向派生出来的,是主观的。马克思认为,社会意识是社会存在的反映,"物质生活的生产方式制约着整个社会生活、政治生活和精神生活的过程"。① 个体接受职业教育最基本的目的是实现个人的职业理想,如果没有相应的社会需求,理想将失去物质承载而难以转化为实际行动。

但是,社会需求并不是天然就转化为个人需求的。认为劳动力市场在实现这种转化中具有神奇作用的观点太过于理想化了。在市场万能论者看来,劳动力供求在价格机制下,能够达到均衡,当供大于求时,工资上涨;反之,工资下降。劳动者是追求自身利益最大化的理性人,追求高工资的欲望调节着人们的职业需求,从而带动职业教育个人需求向社会需求靠拢。但是,这一理论忽视了这样几个事实:(1) 农业职业教育的社会需求主要不是通过劳动力市场来体现的,而是通过受教育者自我雇佣,到农村去当专业农户体现出来的,在这里,工资机制在调节劳动力供求关系上作用有限。对自我雇佣工作岗位而言,工作不是摆在市场上等待劳动者去填补的,而是有待劳动者自己去创造的,自我雇佣的

---

① 马克思,恩格斯:《马克思恩格斯选集》第2卷,人民出版社,1972年。

劳动者收入如何,除与自身的努力有关外,还离不开独立经营的社会经济大环境,能否实现由受教育者向职业人的跳跃,还与创业阶段的制度保障分不开;(2) 即便在农业企业雇佣的情况下,如果没有完善的劳动力市场,实现这种转化也是有障碍的。大量理论表明,劳动力市场也是有缺陷的,比如,筛选理论认为,劳动力市场存在信息失真的现象,劳动力市场二元理论显示,劳动力市场存在垄断性,市场失灵导致社会需求与个人需求之间的贯通存在障碍;(3) 个人需求具有相对独立性。个人需求是主观的东西,马克思主义并不否认,人的思想意识受社会观念的束缚,不排除游离于客观实在之外的情况。市场理论把收入作为引导个人需求的唯一因素,事实上从前文的分析中,我们知道,影响个人需求的除金钱外,还有更多观念上的因素;(4) 无论是对农业职业教育的个人需求还是社会需求,都是派生出来的,这两种需求的相互转化绕不开教育生产,职业教育能否提供符合社会需求的教育商品对于实现这种转化也是至关重要的;(5) 教育既是消费,也是投资,个人要交学费,国家也要投入,对教育的投入受到家庭和社会的经济承受能力的影响,个人和国家在教育经费上的分摊比例对个人需求的形成也是有影响的,这当中还有国家政策导向和力度的问题存在。

有鉴于此,农业职业教育的社会需求与个人需求不能简单地等同起来,个人需求有与社会需求相适应的方面;但是,两者绝不是在同一个轨道上运动的,社会需求不是天然地导向个人需求的,其间需要克服不少阻碍。

三、职业教育供给

西方经济学认为,供给是指某一时期在某一价格水平下厂商愿意并能够出售的商品的数量。学校教育供给的形成必须具备两个基本条件,一是学校有出售的愿望,二是学校有供给能力。供给能力是指学校所能提供的教育商品的品种和数量,表现为招生规模、专业门类、学历层次等。供给能力是由教育投资形成的。教育投资由主要由三部分构成:一是来自学生家庭的学费开支,二是财政投入及社会捐助,三是学校自筹。教育投资转化为生产能力是有一定时间间隔的,当前的生产能力是过去教育投资的结果。学校的出售意愿取决于教育商品的机会成本。学校愿不愿意出售某种教育商品首先是看这种商品的成本与收益的比较,不管是公益性学校还是追求投资回报的私人办学,实现收支平衡是维系办学的前提;其次,学校更注重对机会成本的考察,为追求办学效益,愿意提供成本低、收益高的教育商品。

在市场机制下,学校带有资本逐利的本性,其功能异化为提供通往等级社会的学历凭证,他们之间在竞争中出现了分化,处于底层的学校为争夺生存空间,拼命提高教育等级和扩大办学规模,处于弱势地位的个体难以维护自身利益,以学校为中心的职业教育不利于人的职业成长。

(一) 资本的属性

马金森运用马克思关于商品生产的理论把教育生产分为两种方式,一种是简单的商品生产,另一种是扩大的商品生产。在简单的商品生产中,学校不是追求更多的利润,而是实现收支平衡,市场只是达到这一目标的手段。学校供给的规模常常受到限制,教育生产者自觉捍卫教育目的,抵制为谋取交换价值而贬低使用价值。而在扩大的商品生产中,学校办学屈从于资本牟利的目的,教育内容只不过是追求这一目的的手段,生产者在尽力推广产品的同时,具有使所生产的每一教育商品的单位成本最小化的强大动机。他把扩大的商品生产称为完全的资本主义生产,认为在教育部门完全的资本主义生产会受到社会公众和国家政策的抵制,大多数教育至少在形式上不是完全资本主义的。[①]

马金森提出了另外两个与教育商品生产相关的概念:商业化和私有化。在他看来,商业化指的是某些市场特征的引入或扩展。例如,消费者价格支付、教育的成本核算、企业家式的管理。也就是说,在学校办学中引入企业化的经营机制。而私有化是指赋予公立教育机构充分的自主权,使其成为真正的市场行动者。市场生产要求生产者有自利的本性,政府对学校的干预,使得学校成为行政的附属,失去了市场行动能力。只有公有财产具有了私有财产的属性,也就是产权明晰化,市场行为才能畅通无阻地表达出来。根据他的解释,市场生产必然要求学校具有完全的办学自主权,政府对学校不能直接干预,而是采取间接调控制的方式。

马金森认为,国家从学校办学中退出具有两面性,既有促进教育市场深化的方面,同时也有抑制市场竞争的方面。正是由于国家的退出,学校得到了办学自主性和自我发展的动力,教育生产逐渐从简单的商品生产过渡到完全的市场生产。在这一转变过程中,政府的权力受到削弱。为维系自身的权威,政府强化财政资金的导向作用,由此,学校为了在竞争中处于有利地位,争取公共资金的政治活动趋于活跃。财政资金分配的不均衡加剧了生产者之间的分化,强化了某些生产者的垄断地位,在一定程度上抑制了市场竞争。他指出,在商业化与私有化过程中,公共教育投资被学校占有、使用,公有财产服从于商品生产的目的,教育生产有偏离社会目标的危险,需要受到社会的监督。"商品生产一旦建立起来,共同财产的内源性经济发展的可能

---

① [澳]西蒙·马金森:《教育市场论》,金楠,高莹,等译,万秀兰,刘力审校,浙江大学出版社,2008年。

性就被切断,它只能通过政治活动之类的其他手段得到维护。"①

(二) 形式大于内容

教育需求在市场中表现为受教育者的个人需求。个人有市场选择权,供给能力能否及在多大程度上被市场所消化,取决于供给方提供的商品是否迎合消费者的需要。供给能力是潜在的供给,而实际的供给水平取决于需求的大小。教育商品的个人需求最终表现为生源,而生源质量和数量如何关系到学校的生存和发展,于是学校之间为争夺生源展开激烈竞争。

马金森把学校供给分为两种不同的性质,一种是自我完善的商品,即提高学生的素质,一种是地位商品,即为学生将来在工作、收入、社会地位的竞争中提供利益。在他看来,社会上存在对地位商品的偏好,父母希望子女通过取得别人难以企及的学历,跻身上层社会,并从中抬高自己的社会威望。为迎合这种偏好,学校竞相改善自身所提供的地位商品在人们心目中的形象。他认为,地位商品通常以学历证书的形式表示,这是受教育者通向劳动力市场和后续教育的凭证。训练有素的劳动力可以无限扩充,而地位商品的价值在于稀缺性,教育的普及使得地位商品有贬值的趋势,因为"个体在社会中的发展只有通过升入同人中的高级位置才有可能,也就是说,通过改善涉及别人表现的自己的表现才有可能。如果每个人踮起脚尖翘首以待,那么没有哪个人看起来比较棒。"②在这种情况下,学校只有不断提高学历层次,才能满足个体需求。"当一定层次教育的价值开始下降时,就可能有一种企图,即通过更加严格的选择限制新人进入,来保护其固有的价值。更可能在同一名称的文凭之间建

---

① [澳]西蒙·马金森:《教育市场论》,金楠,高莹,等译,万秀兰,刘力审校,浙江大学出版社,2008 年。

② 同①。

立或加强一种上下等级制度……当这种纵向上有区别的通道变得更为重要时,位置逻辑沿着教育等级体系由高到低发挥作用。甚至一些提供早期儿童教育的机构也呈现出位置的重要性,因为它们被视为迈向后续教育阶段中的重点院校的较好通道。"[①]他指出,那种认为学校办学目的在于增进社会利益的观点是不正确的,吸引足够的高质量生源以获取更多个体投资驱使其极力迎合个体的利益取向,而不是社会福利的普遍改进。

(三)学校的分化

马金森认为,教育市场的竞争使得教育市场分割为两部分,一部分是精英教育市场,另一部分是大众化教育市场。在他看来,并非所有的教育证书都能给个体带来地位优势,精英教育市场提供的教育商品地位价值高,与需求相比,供给是极其稀缺的,这是一个永久性的卖方市场。为巩固自身的地位,具有较高地位声誉的学校倾向于"简单的商品生产",尽量不扩大招生的规模。社会声望和文化权威使得这类学校在获取社会投资上具有得天独厚的优势。这一市场供给总量是有限制的,个体并没有多大选择权力,学校在招生上没有竞争压力。

而大众化教育市场所提供的教育商品地位价值低,竞争按传统的方法进行。迎合消费者的需求和追求办学效益是这类学校生存的法则。它们在争夺社会资金的过程中没有太多的话语权,在商业化的潮流中,为改善办学效益通常倾向于"扩大的商品生产"。在这里,规模经济和成本法则发生了作用,与办学质量相比,学校更注重外在形象和市场份额,千方百计以细分化的教育商品、诱人的招生宣传来招揽生源,争取政策支持。大量与教育内容无关的教育成本追加上来,在市场份额上升的同时,其

---

① [澳]西蒙·马金森:《教育市场论》,金楠,高莹,等译,万秀兰,刘力审校,浙江大学出版社,2008年。

办学成本并不见得下降。在分化的市场环境下,处于教育底层的学校生存空间不断缩小,为改善自身处境,极力提高教育商品的地位价值,而不是改进教育质量,教育内容在这里已经变得不太重要了。他说:"市场是竞争性的(尽管会牺牲稳定性),努力招满学生的院校确实展开了基于效率和消费者导向的竞争。但是,它们持续不断地受到损害,因为成绩较好的学生往声望较高的院校流动;而且对学习上的真正改善往往认识不足,因为就教育位置而言这些院校的声誉(与其教育上的努力无关)较低。……当竞争压力增加时,全面的改善不一定发生。亚当·斯密的无形的手发挥不了作用。在这里,市场改革的结果将是维持和加强精英院校和社会利益集团已经享有的各环节的利益,而不是建立市场自由主义所设想的异常的、普遍的、基于优秀的竞争。"

杨克瑞等认为,我国教育市场存在的行政垄断,政府的公共资源总是向公立学校倾斜,公立学校和私立学校存在事实上的不平等。但是,私立学校仍然有很大的发展空间。公立学校教育供给是财政约束型的,远不能满足庞大的教育需求,教育资产没有很强的专用性,私人部门向教育行业流动不存在市场障碍。① 这一观点有值得商榷的地方。教育市场并非总是供不应求的,也存在供过于求的情况,近年来,部分职业院校苦于"招生难"就是很好的例证。教育资产并非一律不具有专用性,有的教育资产,如建筑物,确实专用性不强,但也有的资产,如农业职业院校用于教学、科研的示范田或牧场等,由于土地利用的限制,不是每个学校都能随意征用的。从这一点看,教育市场存在一定的自然垄断。公立学校的招生规模并非总是受制于财政投入,商业化使得公立学校也有了办学自主权和市场行动的动力,

---

① 杨克瑞,谢作诗:《教育经济学新论》,人民出版社,2007 年。

他们存在扩大办学以赚取学费和套取财政资金的冲动。所谓"公立"在我国主要是就行政出资和隶属关系而言的,公立学校在财产和人事上仍然是行政的一部分,由此在财政投入上能得到更多眷顾,但就经营方式而言,与私人一样,都是谋取自身经济利益的市场主体,只是有行政做后盾,比起后者有更大的竞争优势,其办学规模的扩张足以挤占私人活动的空间。所以,教育上的行政垄断在我国是事实存在的。行政垄断与自然垄断相结合,其结果是教育市场呈现出公立学校一家独大的局面。

（四）供给对需求的霸权

西方经济学所说的消费者主权,至少在教育领域很难得到充分实现。教育商品使用价值和交换价值的让渡不是同时进行的,个体通常先付出学费,个人素质的养成是在教育过程中逐步实现的,学历文凭是在这一过程结束时获得的。学生的选择权只是在入学时得到尊重,入学后,学生基本上处于被动接受的地位。即便是在入学前,学生对学校提供的教育商品质量的把握,大部分停留在对学校的外部形象、办学层次等感性认识的基础上,缺乏必要的基于理性基础上的信息收集能力。这样看来,教育市场上,作为卖方的学校相对于个体是强势的。

根据马金森的观点,处于低层的学校为追求市场利润,迎合社会普遍的对地位商品的偏好而成为"制造文凭的工厂",过多追求办学层次等教育形式而忽视教育内容。这势必对一部分要求提升个人素质的受教育者造成伤害,他们的个人需求难以得到满足。有学者用"过度教育"一词表达了这种担忧。这一词汇最先是由美国劳动经济学家、哈佛大学教授弗里曼在1976年提出来的。20世纪80年代,美国学者曾满超、亨利·列文阐释了其主要内涵。在他们看来,教育发展出现了下列三种情况中的任何一种,都应称为"过度教育"（overeducation）：一是劳动者相对于其受教育程度经济地位下降;二是受过教育者不能实现其对于事业成就的期望;三是劳动者拥有比其工作性质高得多的学历层次。① 一句话,"过度教育"最主要的表现就是学历层次与实际工作能力相互脱节,受教育者职业成长受到阻碍。

在追求办学效益的冲动下,扩大在校生规模是处于市场底层学校的生存法则,而做到这一点,不外乎两个途径:一是扩大招生规模,二是延长在校生的就学时间。前者受学龄人口和教育总供给能力的限制,在招生上处于不利地位的学校固然不放弃这方面的努力,而后者也是有操作空间的,特别是在学校教育能力闲置的情况下更是如此。无论是哪一个途径,唤起个人的需求欲望,以把过剩的教育供给强加到受教育者头上都是必不可少的。加耳布雷思认为,供给能力过剩是人类物质生活达到一定阶段后的必然产物,在供给能力过剩下,生产者有必要引导和创造需求,唤起人们的消费欲望。他说:"生产和欲望之间的更直接的联系,是由现代广告和推销机构所提高的。这些不可能和独立决定需要的概念相调和,因为这些机构的中心职责是创造需要——把以前不存在的欲望制造出来。这是由货物的生产者或根据他的命令来完成的。"②在他看来,创造更多的需求是可能的,因为人们的欲望并非通常所讲的随着消费的增加而递减,"消费者,更多的欲望得到满足时,它们的迫切性并未大减,或者更确切地说,它们减少的程度并不显著,不足以引起经济学家的任何兴趣或成为经济政策上考虑之事。"③对学校而言,不断制造稀缺性的教育商品以俘虏追求地位商品的学生和家长。所以,马金森说:"当教育扩展快过受过教育的劳动者工作岗位数量的增长时,'雇主会强化筛选过程',提高所要求的

---

① [美]亨利·列文,曾满超:《高科技、效益、筹资与改革》,人民日报出版社,1995年。

② [美]加耳布雷思:《丰裕社会》,徐世平译,上海人民出版社,1965年。

③ 同②。

文凭等级,迫使人们投资于更高级别的教育。与此类似,专业团体联合起来提高进入专业的门槛。……地位这枚硬币的两面,即对相关优势的希望和对相关劣势的恐惧,导致较高的教育参与。"[①]马金森看到学校在学历层次上的努力,这显然是不全面的,诸如扩充专业门类,鼓动学生拿多个专业证书之类也应包括在其中。

(五)学校供给的有效性

教育总供给是学校教育供给总和,教育结构是教育总供给的特征性反映,培养什么人,由谁来培养,怎么培养,这些都可以从教育结构中找到答案。农业职业教育结构是为培养农业生产一线的从业者服务的,农业职业教育结构不仅受个体需求的影响,同时也是与学校办学分不开的。职业农民是创业型人才,自我实现的精神需求是其从业的动力所在。对有志于农业的个体而言,他们更需要学以致用的教育商品,而不只是一纸学历文凭。学校教育能否对个人的职业成长有帮助,进一步说,教育结构能否满足农业发展的需要是一个值得探讨的话题。

舒尔茨等人认为,学校教育的扩张能够带来劳动力素质的普遍提高,促进社会经济的发展。但是,不少研究表明,这一观点是片面的,学校教育有不利于人的职业成长的方面,其人才培养与社会的要求有差距。

马金森批判了舒尔茨的人力资本理论,认为这一理论简单地把人力资本投资与其对社会经济的贡献画上了等号,忽视了中间过程,即学校供给在其中的作用。他认为,学校教育生产个体的等级差异,助长了人们的竞争心理和个人主义行为,打破了个体和群体发展之间的联系,不利于人们在职业过程中的相互

---

① [澳]西蒙·马金森:《教育市场论》,金楠,高莹,等译,万秀兰,刘力审校,浙江大学出版社,2008年。

协作。在他看来,标示社会等级差异烙印的地位商品的生产绝不是培养训练有素的劳动力的生产,而是驱使人们沿着陡峭的教育层级坡度向上爬,他们最终获得的文凭证书却与工作要求的相关素质相脱节,个人的职业成长受到损害,这样的教育生产带来的不是社会福利的普遍提高。①

研究过度教育的学者认为,在利益驱动下不断膨胀的学校教育,超越了经济发展和个人职业成长的实际需求,这种不平衡降低了个人及国家教育投资的收益率,导致受教育者心理预期与就业现实的落差加大,容易使他们产生精神失落和工作厌倦,不仅不能促进生产力发展,而且还会对生产力有阻碍作用。②

马斯洛从心理学的角度对教育追求效率的观点提出了批评,认为这种教育带有很强的功利性,无助于培养创业型人才。在他看来,以人为本的教育不是简单地传授知识,而是培养人们求知的信念和丰富的想象力,追求效率使教育沦为知识灌输的机器,不利于唤起受教育者探索新知识的兴趣。他说,"有压倒多数的教师、校长、课程设计者、学校督察,他们的工作主要是让学生得到在我们工业社会所需要的知识。他们不是特别有想象力和创造性的,也不会常常问一问他们为什么要教授他们所教授的东西。他们主要关心的是效率,即灌输最大数量的事实给最大可能数量的学生,用尽可能少的时间、费用和人力。另一方面,有少数倾向人本主义的教育家,他们把培养较好的人作为目标,或用心理学的术语说,以自我实现和自我超越为目标。……错误不在于科学的伟大发现——有知识总是比无知识好些,不论什么知识或什么无知。错误在于知识背后的信念,认为知识将改变世界。那是不可能的。知识没有人的理解就像一个答案没有

---

① [澳]西蒙·马金森:《教育市场论》,金楠,高莹,等译,万秀兰,刘力审校,浙江大学出版社,2008 年。

② 孙志军:《过度教育的经济学研究评述》,《经济学动态》,2001 年第 5 期。

它的问题一样——是无意义的。人的理解只有通过艺术才可能达到,是艺术的工作创造了人的观点使知识转变为真理。"①

宫地诚哉等人认为,学校教育追求效率,偏重理论和知识的传授,忽视生产劳动的教育,不利于学生职业成长。在他们看来,学校教育取代学徒制度名为弥补后者在知识传授上的不足,实质是用工业化的生产方式办教育,并在基于办学效率的竞争中,把后者送进了历史的垃圾堆。他指出,人们认为在就业以前应在学校接受职业教育的观点是值得怀疑的,学校教育满足于知识的灌输,丧失了学徒制通过劳动现场引导人们职业成长的机能,事实上,在普通教育普及的时代,脱离生产实际的职业教育已经是多余的了。

再者,商业化的学校在办学中是要权衡机会成本的,它们可以办这样的专业,也可以办那样的专业,一切皆出于效益最大化的考虑,只要能吸引充足的生源就行。这样的办学是基于对个体欲望的判断,虽然学校口口声声说是为社会需求服务,其实是盯着学生和家长的腰包。农业职业教育是农业的职业教育,相关学校能否端正人才培养目标、真正把专业方向集中到农业上来是要打问号的,不排除打着农业的幌子,行为其他产业服务之实,以及偷换概念,把农业职业教育混同为农民教育或农村教育,达到歪曲办学方向的目的。如果是这样,农业职业教育就失去了存在的意义,何谈促进农业从业者职业成长。

由此看来,在市场机制下,以学校为中心的农业职业教育有远离人们农业职业成长的倾向。这到底是市场的错,还是学校的错,抑或是偏重于学校教育的农业职业教育结构的错,这不能不发人深思。

---

① [美]亚伯拉罕·马斯洛:《人性能达的境界》,林方译,云南人民出版社,1987年。

四、政府的作用

无论马克思主义,还是市场自由主义思想,都不否认国家在农业职业教育结构调整中的正当性,同时,他们也都看到了国家的局限性。在这里,核心的一点不是要不要国家调控的问题,而是如何改善调控。

(一)政府调控的必要性

在马克思主义眼中,国家是维护统治阶级利益的国家机器,而维护统治阶级的利益首先要处理好生产力与生产关系、经济基础与上层建筑的关系。当经济基础与上层建筑、生产力与生产关系互不适应达到一定程度时,前者要冲破前者的躯壳,以暴力革命的形式改变后者,统治阶级为维护自身的统治,需要在一定范围内调整生产关系和经济基础,以容纳不断进步的生产力和经济基础。人是生产力中最活跃、最革命的因素。"劳动是一切社会存在和发展的基本条件,是人类为了取得物质资料而进行的有目的的生产活动。一切劳动过程都包括三个要素:即劳动力、劳动资料和劳动对象。其中人的劳动是最重要的决定性的因素。没有人的劳动,生产资料不过是一堆死的东西。"①生产方式的改进首先是劳动力的进步,农业对生产经营人才的社会需求是农业生产方式的一部分。而农业职业教育结构是上层建筑的组成部分,与农业人才的社会需求相适应是社会进步的客观要求。所以,调整农业职业教育结构,使之适应农业人才的社会需求是国家维护统治秩序的应有职能之一。

马克思主义历史唯物观认为,促进人的全面发展是社会进步的标志。在阶级社会中,私有制和对劳动的异化造成人片面畸形的发展,社会发展与人的发展相互脱节。人的全面发展只

---

① 马克思:《资本论》第 1 卷,人民出版社,1975 年。

有在消灭阶级差别后才能实现。当社会物质基础达到一定程度后，实现人的全面发展是可能的。但是，这种可能性要转变为现实，还有待缩小经济、文化等方面的阶级差别。我国处于社会主义初级阶段，还存在阶级和阶级差别，比如，农工之间的差别长期存在，这给人的职业成长带来了负面影响，鄙视农业一度成为社会风尚。随着经济的发展，缩小农工之间的差别的物质基础正在形成。同时，也要看到，过去遗留的思想还会长期起作用，各种不利于人们实现农业职业理想的观点还很盛行，一部分人把农业劳动看成下等工作。把农业职业教育的个体需求与社会需求统一起来，促进更多的人有志于农业，这是改善其结构的首要条件。而要达到这一点，政府有必要改善农业从业者的社会经济地位，营造良好的制度环境，让更多人真正了解农业，形成农业职业取向，并付诸行动。

西方经济学的流派之———福利经济学也看到了基于个人理性基础上的市场均衡结果并不一定符合社会利益。这一理论认为，在经济处于完全竞争的状态下，市场均衡存在，且该均衡具有帕累托最优效率。但是，这种最优效率的实现所要求的完全竞争市场在现实中是不存在的。而且，即便是在理想的市场环境下，这种建立在个人选择的基础上的最优效率只是个人福利的最优化，并不必然导致社会福利的普遍改进，个人与社会之间存在偏差。政府的作用在于协调个人理性与市场理性之间的矛盾，使市场在增进社会普遍福利的基础上达到均衡。

美国学者列文指出，必须强调个人或家庭选择与公共利益之间的平衡关系。忽视公共利益而赞同消费者选择的主权，就意味着忽视学校教育的公共目的。忽视教育选择的需要，等同于认为所有顾客都有相同的需求，也意味着学校教育要去冒垄断且反应迟钝的危险。

农业职业教育的人才培养对象是有志于当职业农民的人,热爱农业,并愿意为农业献身,是干好职业农民最根本的素质,也是农业职业教育人才培养的基本目标。马斯洛认为,当人们一旦把职业动力与精神追求结合起来,生活的意义就可以在对完美工作的追求中体现出来。在他看来,人的潜能的发挥需要有自我实现的精神支持。人的精神动力不是与生俱来的,而是可塑的。韦伯说:"从环境(这里即指家乡和家庭的宗教气氛所偏重的那类教育)中获得的心理和精神特征,决定了职业的选择从而又决定了他们的职业生涯。"①他把人看成社会环境的产物,认为人的职业选择是命中注定的。社会心理学著作提供的一些证据表明,社会不是脱离个人而存在的,而是个体之间行为关系的产物,可以通过影响个体行为认知,来发挥社会促进的作用,在年龄层次低的阶段,人的行为认知具有很强的可塑性。② 苏联教育家马卡连柯认为,对青少年进行生产劳动教育对于人一生的道德、精神发展以及职业取向起重要作用。③ 也就是说,引导个体需求,有必要从基础教育阶段做起,培养青少年的职业理想,在这方面国家的作用是不可缺少的。

同时,也有不少学者认为,人的职业理想能否实现还有待良好的制度环境。马斯洛指出,人追求职业理想的需求只有在对物质生活和社会地位的需要得到基本满足的前提下,才能显现出来。他说,"追求自我实现的人(更成熟、人性更丰满的人),就定义说,他们的基本需要已经得到适当满足,现在是以另外的

① [德]马克斯·韦伯:《新教伦理与资本主义精神》,黄晓京,彭强译,四川人民出版社,1986年。

② [美]弗洛德·H.奥尔波特:《群体谬误论与社会促进实验》,周晓虹:《现代社会心理学名著菁华》,社会科学文献出版社,2007年。

③ 邱国樑:《马卡连柯论青少年教育》,中国青年出版社,1984年。

高级方式受到激励的,这可以称为'超越性动机'"。① 他担心"这种高级的、精神的'动物性'非常胆怯和微弱,非常容易丧失,非常容易被更强大的文化势力压碎,因此,它只有在一种支持人性并积极促进人性最充分发展的文化中才能广泛实现。"② 由此可见,唤起农业职业教育的个人需求还需要国家提供良好的制度环境,以使有志于农业的人能够实现自己的职业理想。

国家有必要加强对农业职业教育的管理,并提供相应的财政支持。亚当·斯密是主张发挥市场机制的作用,反对政府对经济的不必要的干预,这是对当时英国政府的重商主义政策而言的,目的在于规劝政府不要过多地扶持出口产业,压制国内产业,以免造成经济畸形发展。事实上,亚当·斯密并非对国家在社会经济生活中的作用一律加以排斥。在他看来,政府至少有两个方面的作用,一是保护个人利益,使之免受他人的侵害,二是提供社会必要的公共服务。他认为,对那些个人受益无多,而社会受益匪浅的工作,国家有必要予以鼓励。他指出,教育是社会公益事业,政府有必要予以必要的财政投入。他说:"教育机构的花费……是有益于整个社会的,因此,假如没有不公正行为的话,应该由全社会的一般税收进行支付。然而,这些费用全部由那些在该项教育和学校中获得直接收益的人来支付,或者,由那些认为自己有这样或那样理由的人自愿捐献,恐怕同样妥当,甚至还有一些优点。"③马斯格雷夫对亚当·斯密的观点加以引申,他把需求分为两种,一种是社会需求,另一种是个人需求,在他看来,社会需求是基于社会理性的,而个人需求则是基于个人理性,两者是不一致的。

---

① [美]亚伯拉罕·马斯洛:《人性能达的境界》,林方译,云南人民出版社,1987年。

② 同①。

③ [英]亚当·斯密:《国民财富的性质和原因的研究》上卷,郭大力,王亚南译,商务印书馆,1979年。

为此,他提出了有益需求的概念,即给社会带来正面利益的个人需求,认为国家要从全社会提取资金,生产相应的公共产品,以满足有益需求。他明确指出,个人接受教育就是有益需求。[①]

农业劳动十分辛苦,要在这个领域做出成绩需要磨砺各方面的才能,付出艰苦的努力。农业是国民经济的基础,农业生产方式的改进和国家粮食安全有赖于有志于农业的优秀劳动力充实到生产一线中去。但是,与所做的牺牲和贡献相比,这些优秀人才的社会地位还不高,国家有必要给予奖励,并给他们提供相应的教育,以利其职业成长。正如柯炳生等人所指出的,国家对农业的扶持政策应该包括对农业职业教育的政策倾斜。[②]

鼓吹市场自由主义的学者也不否认,国家对教育干预的正当性。他们用"市场失灵"来做根据,认为市场并不是在满足所有的需求上都是有效率的,有一部分需求需要有政府来提供。正如布坎南所说:"人们观察到有些物品和服务是通过市场制度实现需求与供给的,而有些物品与服务则通过政治制度实现需求与供给,前者称为私人产品,后者称为公共物品。"[③]在他看来,政府有生产性的职能,即向社会和公众提供福利或公共产品,政府支持的力度要看这种物品的公共性有多大。他特别指出,教育就带有公共性,是财政投入的领域之一。持市场自由主义观点的人还认为,市场失灵还表现为竞争的不充分,市场交易双方的地位不平衡,一方的利益容易受到损害,国家有必要制定一定的规则,并监督规则的执行,以保护市场交易的公平。布坎

①　理查德·A. 马斯格雷夫:《比较财政分析》,董勤发译,上海人民出版社,1996 年。

②　柯炳生,陈华宁:《对培养新型农民的思考》,《中国党政干部论坛》,2006 年第 4 期。

③　[美]詹姆斯·M. 布坎南:《公共产品的需求与供给》,马珺译,上海人民出版社,2009 年。

南把市场交易看成人与人之间缔结和履行契约的过程,认为国家的干预在于防止人们不履行契约所约定的责任、损害契约的有效性,其职责在于为市场和社会提供法律和秩序。不言而喻,教育市场是不完善的,买者与卖者地位是不平等的,相对于受教育者,学校处于霸权的地位。教育商品的消费是在教育过程中实现的,学生的个人选择只是在填报入学志愿时得到了体现,就是这一仅有的选择自主权也并不能得到充分实现,因为这里存在着信息不对称,学生对学校的了解大部分来源于学校的招生宣传,一旦入学,学生就陷于被动地位,学什么,怎么学,只能由学校说了算。学校是市场的主体,有追求自身利益的冲动。在双方地位不均衡的情况下,政府有必要对强势一方——学校加强监管,以维护受教育者的利益。总之,在市场生产的条件下,政府对农业职业教育负有监管职责。

(二)政府调控的局限性

虽然赞同自由市场的人不否认,市场失灵的情况下,政府有必要充当"守夜人"的角色,但是,他们还是对政府能否很好地履行职责抱有怀疑态度。他们认为,政府不是万能的神,其政策是由人制定和实施的,政策制定者与企业和家庭一样,是在信息不完善等约束条件下作决策的,政府在需要解决的问题上也存在认识上的误区。同时,政府的控制者(政治家)和管理者(官僚)自身是有偏好的,他们从自身偏好出发展开行动,国家行为可能符合某一部分人的利益,不排除强势利益集团通过政治行动左右政府的行动,财政资金的使用可能导致寻租现象的发生,助长政府工作人员的腐败。所以,市场导致缺乏效率和不公平并不意味着可以推论政府干预必然导致情况的改善。[①] 政府把公共产品的生

---

① [英]安东尼·B.阿特金森,[美]约瑟夫·E.斯蒂格里茨:《公共经济学》,上海三联书店,1992年。

产交给市场去做,市场代理人的行为有背离政策目标的风险,为此要有一定的监督措施,但这样就带来了成本负担。

奥尔森认为,政府也有好坏之分。好政府能够代表集体的公共利益,创造和保护个人的权利、强制各种契约的履行,同时自身受到约束而无法侵害私人权利,不存在任何形式的强取豪夺。这样的政府干预不是缩小,而是拓展了市场的运行空间,奥尔森称之为"强化市场型政府"。相反,坏政府背离了公共利益,为某些强势利益集团所左右,成为某些集团侵害其他集团的工具。在政府与强势集团的共谋下,厂商得到的资源同其现期或未来的收益关系很少,或根本没有关系,产生了所谓"软预算约束"。预算的软约束导致"产生大量盈余的经营活动无法像社会理性所要求的那样得以扩大经营"。在这样的政府的干预下,个人的权利得不到保障,基于平等交换的契约遭到破坏,掠夺行为受到纵容,市场活动空间缩小。所以,是否有利于市场运行的政府,不在于其规模的大小,而在于其职能的履行效果,在于是否保障公共利益不受私人利益的侵害。①

但是,对政府持怀疑态度的人也承认,政府是不可或缺的,问题的关键不在于政府要不要干预,而在于如何干预。正如布坎南所指出的,"现在我知道,不论是市场还是政治体制,都比不上它们在观念上理想化了的模式所具有的功能。这是一个简单的真理,但它是一个经常为社会科学家和哲学家所忽视的真理"。② 在他看来,无论市场还是政府都是有缺陷的,到底要哪种方式组织生产,关键看哪个更有效率,在某些领域,政府行为可能更合理一些。他提出了改善政府行为的政治主张,即把国

---

① [美]曼瑟·奥尔森:《权力与繁荣》,苏长,嵇飞译,上海世纪出版集团,2005 年。

② [美]詹姆斯·M. 布坎南:《自由、市场与国家——80 年代的政治经济学》,平新乔,莫扶民译,上海三联书店,1989 年。

家选择建立在个人选择的基础上，让全社会参与到公共物品的决策和生产中来，用民主制度缩小政府行为的偏差。他说："由个人组成的社区之所以决定经由政府——政治过程公共地，而非私人地表达对公共物品的需求，正是由于市场安排促成的双边交换不足以把交易的相关后果都包括进来。直接参与市场交易之外的其他主体承担了强加的外部效果，这些外部效果对于他们而言是至关重要的。社区成员认为，他们所有人都参与其中的'交换'、交易和协议更有效率。"①

农业是国家的基础产业，是关系到全国人民吃饭的大事，国家要从全社会的利益出发，着眼于长远，谋划农业劳动力培养问题。以培养农业劳动力为目标的农业职业教育，不光是受教育者和学校的事，更不是政策制定者私人的事，而是有必要让全社会认识到其重要性，动员更多的人参与其中，群策群力，把这项工作做好。

第三节　农业职业教育研究的理论意义

教育结构包括层次结构、专业设置结构、地域分布结构和办学类型结构等，这些都是人们平常容易观察到的结构现象。农业职业教育结构远不止于现象特征，所有与其系统功能相关的成分、要素都包含在内，这些成分与要素是互相连接的，彼此互动的。层次结构、专业设置结构、地域分布结构和办学类型结构等结构现象，并不是农业职业教育结构的全部，农业职业教育结构还包括人们平常很少提到的东西。如果说它是一座冰山的话，那么，冰山浮在水面的部分固然要看，但是，水面下的部分更

---

① ［美］詹姆斯·M.布坎南：《公共产品的需求与供给》，马珺译，上海人民出版社，2009年。

神秘,把握这部分的情况更有价值。从系统论的观点出发,结构的各个方面是互相联系着的,这些方面的变化必然在那些方面有所体现,正如人们所讲的"一叶落而知天下秋"。本研究首先探讨改革开放以来农业职业教育显性结构的变迁,从此出发,发现淹没在农业职业教育显性结构水面下的深层次矛盾。

农业职业教育结构是所有执行类似功能的教育体现出来的本质特征,我们在讨论这个问题时,首先要观察宏观层面的平衡问题,即农业职业教育结构与农业人才的社会需求相适应的问题。宏观结构不是空中楼阁,而是与微观存在相连接的。教育结构是学生、家长与学校及国家对立运动的产物。学生和家长是教育的需求者,学校是教育的提供者,而国家是引导和规范需求者和供给者行为及关系的调节者,个体、学校和国家是农业职业教育结构的微观主体。宏观是观念意义上的东西,只有微观是具体的社会存在。国家行动不是在观念层面进行的,而是在微观层面进行,其着力点是受教育者和施教者的行为方式及彼此之间的关系。在讨论农业职业教育结构时,既要从宏观着眼,更要深入到微观层面,从微观主体——学生、学校及国家的行为互动中,探索其结构走向及内在矛盾。

改革开放后,我国工业化、城市化进程加快,农业生产方式也发生了改变。其间,农业职业教育办学体制也发生了重大变化,招生、分配制度由"计划招生""统配统分"变成了"自主招生""双向选择",学校办学自主权扩大。教育体制的巨大变化对农业职业教育结构产生了深远影响。马克思主义认为,上层建筑要适应经济基础的变化,同时,上层建筑也具有一定的独立性。我国是人口大国,吃饭问题是大事。变革后的农业职业教育结构是离农业近了,还是远了,确切地说,其能否与正在发生转变的农业生产方式相适应,这不能不引起人们的极大关注。有鉴于此,本研究把关注的焦点锁定在改革开放后农业职业教育结构变迁上。当然,历史是有延续性的,"一切历史都是当代史",在探讨现实问题时,对过去发生的事情加以回顾,可以让我们对现状看得更清楚,对坚持某些结论性的东西更有信心。所以,在讨论改革开放后农业职业教育结构变迁时,在必要的地方,我们也会追溯之前的一些事情。

本研究主要从学校教育入手来探讨农业职业教育的变迁。这样做是基于如下考虑:一是化繁为简。我们所讲的学校教育是与学历制度挂钩的教育形式。除学校教育外,农业职业教育还包括非学历教育的社会教育。学历教育与社会教育的办学机制并不完全一样,大中专职业院校的办学机制目前普遍采用市场机制,某些社会教育形式,如农民教育,仍然是由政府包办。不同的体制下,教育活动的规律是不一样的,我们把两者合在一起讨论,会牵扯更大的精力且显得散漫,而把目标限定在某一领域,我们的讨论焦点集中,容易在一个分析框架下,深入下去。二是抓主要矛盾。一般认为,学校教育是农业职业教育的主干部分。比如,洪绂曾等把普通农业本科教育层次以下的农业教育归属于农业职业教育范畴。[①] 这一划分显然是把学校教育看成农业职业教育的主要形式。学校教育覆盖了人们职业价值成长过程的大部分,而农民全员培训和示范骨干农户教育是对已做出职业选择者的教育,从引导青年职业成长的教育观出发,在探讨农业职业教育结构时,从学校教育入手,是有必要的。

当然,人的职业成长不止于学校教育,由学生到农民是一大跨越,从大职业教育主义的观点来看,实现这一跨越需要相关社会经济制度的配合。所以,我们在探讨问题时,虽然是以学校教育为重点,但是,也把视野扩大到更高的层面,把职业教育延伸到受教育者从形成职业志向到在某一职业上稳定下来的过程

---

① 洪绂曾:《中国农业教育发展战略研究》,中国农业出版社,1996年。

中去。

　　本研究在讨论中国事情的同时，也介绍了一些日本的情况，希望从两国的比较中，找到更多论据，以使本研究的论点更清晰，更有说服力。日本是我国的近邻，与我国在农业上有很多相似的特征。"人多地少"的矛盾长期被视为阻碍农业由分散的小规模经营走向规模化经营的障碍；在工业化、城市化的进程中，农业人口大量向非农部门转移，农业生产方式发生了革命性变化。对于两国而言，吃饭问题都是大问题，在经济结构转型过程中，农业劳动力问题是个热门话题。农业劳动力的问题是跟农业职业教育紧密相连的，中日两国都存在这样一个课题，即如何调整农业职业教育结构，使之适应不断变化的农业生产方式及其对人才的需求。日本在解决这个课题上无疑是走在中国前头，在这一过程中也积累了不少经验和教训，作为"后来人"的我国可以从中学到很多东西。

第二章 我国农业职业教育结构问题
——基于对江苏省的考察

　　讨论农业职业教育结构问题,首先要把握其外部结构的平衡性,即与农业生产一线对人才的需求是否相适应,同时也要看到,这种平衡性是建立在微观主体行为关系基础上的。本章的考察从宏观结构入手,调查江苏省农业职业教育结构自改革开放以来发生的变化及农业劳动力的实际状况,并据此评判宏观结构的平衡性,然后将探究其微观结构,即学生及其家长、农业职业院校,以及政府的行为及这三者之间的关系,从中发现宏观结构变动的根据。

第一节 调查点简介

　　江苏省是一个农业大省。江苏省农业生产具有得天独厚的有利条件。境内地形地势低平,河湖众多,平原、水面所占比例之大,在全国居首位。全省气候具有明显的季风特征,处于亚热带向暖温带过渡地带。全省气候温和,雨量适中,四季分明。自北向南,黄淮、江淮、滨海、长江三角洲组成坦荡大平原。该省主要农业指标在全国所占比重不小,2012 年粮食产量为 337.25

亿公斤,约占全国总产量的5.7%。

江苏省工业化和城市化是走在全国前列的。2009年,城镇人口占总人口的比例为55.6%,高于全国平均水平,规模以上工业企业总产值为73 871.6万元,约占全国的14.6%。在工业化、城市化的推动下,江苏省农业生产方式出现了深刻变化。农业机械化程度提高,1995年机耕面积占总播种面积的比例为46.0%,2009年则提高到72.6%。农业组织化程度提高,截至2008年6月底,全省有农民专业合作组织8 310个,年经营额超千万元的农民专业合作组织有600多个。

该省区域发展不平衡,南部地区经济发达,而北部地区工业水平低,农业在经济中所占的比重大。农村劳动力转移开始得早,规模大。农村劳动力大部分在省内流动,主要是由北部地区向经济发达的南部地区流动,南部地区乡镇企业发达,农业劳动力就近转移,也就是所说的"离土不离乡"。20世纪90年代以来,农村人口比例明显下降。1990年,农村人口比重为78.5%,2009年减少为44.4%。

该省教育发达,2009年,义务教育入学率达到100%,初中毕业生升学率超过97%。农业职业教育院校发展状况良好,"文革"后恢复招生的8所农业中专招生规模不断扩大,2000年的招生人数为4 693人,2009年上升为22 101人。

农业是国民经济的基础,经济现代化离不开农业的现代化。农业职业教育是与地域经济相联系的,其结构变迁不能不受后者的制约,同时也对后者产生反作用。经济结构性矛盾与教育结构性矛盾如何协调,是江苏省农业职业教育发展的一大课题。本研究旨在探讨在农业生产方式转变过程中,如何向农业内部输送优质劳动力问题。这不仅是农业职业教育面临的课题,也是牵涉到农业发展的大问题。结合上面对该省省情的介绍,不难看出,对我们的研究而言,江苏省是全国的缩影,拿它的情况作剖析具有典型意义。

以江苏省做样本，也是出于研究便利的考虑。我是江苏人，从小在农村长大，对江苏省农业和农村的情况有切身体验。父母虽年过七旬，但仍然在老家田里耕作。我在休假之余，时常回老家住上几天，与父母和村里人叙叙话。因此，我对家乡农业和农村过去30多年的变迁及当今的现状有一定的感性认识。这使得我在实地调研及翻阅资料过程中免去了许多常识性的认知障碍，并且能够很快发现各种信息之间的细微差别，并抓住其中隐藏着的结构性矛盾。

要把这个课题搞扎实一点，除了查阅文献资料外，到现场去蹲点，实地调研是不可缺少的。实地调查是需要资金支持的，特别是长时间的、区域范围广的调研，没有雄厚的资金做后盾是难以想象的。作为学生，如果没有外部支持，我们自己不可能有太多的钱搞调研。在老家搞调研，住宿、吃饭都很方便，经济上合算。我的导师与江苏省农林部门有关领导相熟，给我作了引荐，农林部门的同志为我深入实地调查提供了很大方便。有些领导长期从事农业科教工作，对这方面有深入的研究和心得体会。他们与我就江苏省农业职业教育的话题进行了多次沟通，我从他们那里得到了不少启发。在这些领导的协调和帮助下，我走访了有关学校、农业技术推广部门、种粮大户、专业合作社和农村基层组织，耗时两个半月，通过实地观察、现场访谈及问卷调查的方式，收集了不少有价值的信息。

第二节　农业职业教育宏观结构

一、江苏省农业职业教育结构变迁

总的说来，20世纪80年代以来，江苏省的农业职业教育办学层次提高，中等农业职业教育萎缩；学科范围扩大，农科专业被边缘化;区域向中心城市和发达地区集中,农村基层办学力量薄弱。

(一)办学层次提高,中等农业职业教育萎缩

江苏省农业职业教育从中专及中专以下层次发展到大专层次,目前,大专层次的农业高等职业院校成为办学主力,中等层次的农业职业教育办学规模相对缩小。

就学历教育而言,新中国成立以后,江苏省农业职业教育形成了两个层次的办学格局,初等层次的农业中学和中等层次的农业职业高中、农业中专。农业中学和农业职业高中主要归教育部门管理,农业中专一部分由省农林厅和地方教育部门双重管理,一部分由归省农林厅直接管理。20 世纪五六十年代,农业中学曾经是最主要的办学形式。江苏省农业中学始于 1958 年 3 月海安县创办的双楼乡农业中学。当时,这一办学形式得到了上级组织的肯定,并很快在全省推广开来。同年 5 月,中共中央副主席刘少奇在政治局扩大会议上提出了社会主义要有两种劳动制度、两种教育制度的观点,由此,江苏省出现了大办农业中学的热潮,当年度全省农业中学发展到 2 174 所,在校生16.90 万人。这一时期农业职业中学规模很小。"文革"时期,农业中学一度停办。1979 年,农业职业中学恢复招生,当年实际在校生人数只有 500 人,1984 年,增加到 116 所,招生人数为4.32 万人,而农业中学只剩 1 所,招生人数为 292 人。

以句容县为例,该县 1980 年在春城中学试办两个农业高中班,当年招生人数为 100 人,1985 年全县共有 7 所职业中学,除一所幼儿师范类的学校外,其中 6 所都是农业职业中学。句容县位于长江三角洲西部,属于丘陵地带,北部面临长江,工业不发达,农业在全县经济中占的比重很大。这 6 所农业职业中学分布在全县几个主要农业区。该县东南部为丘陵山区,森林资源多,桑蚕、采茶业发达,这里的高庙中学、茅山中学从发展当地特色经济出发,开办了林业、桑蚕、茶叶和多种经营职业班;该县

北部,靠近江边,养殖业发达,县里在这里的大卓中学开设了畜牧和水产养殖职业班;郭庄中学位于该县南部,这里地势较平坦,适合搞水稻、小麦等大田作物生产,这个学校面向种植业办了个农业职业班;其余两个农业职业中学位于县城附近,所办职业班的方向是农业机械维修和农业经济管理。

江苏省的农业中专始于清光绪二十九年创办的三江师范农学专业。1952年经过调整后,江苏省共有6所中专性质的农业学校。80年代初期,该省有8所农业中专学校,由北到南分布在全省几个典型的农业区。到1989年,8所中等农业专业学校招生人数也只有1 700人。江苏省大专层次的农业职业教育在90年代之前,规模不大。在"文革"后恢复招生的阶段,部分农业中专与省内农业高校联办过大专班,以培养当时紧缺的农业职业教育师资,之后基本停办。80年代,国家对中等农业职业学校办大专是有严格限制的。当时的教育部与国家计委(83)教职字011号文件中明确指出"对现有中专要保持稳定,不宜戴帽改为大专院校"。随后,农业部也出台了《关于改革和加强中等农业教育的意见(节录)》,其中有这样一段表述:"目前有些地方和单位,想通过中专戴帽或办大专班的办法,发展专科,扩大高等教育的招生规模,造成中专动荡不定。鉴于过去的经验教训,必须严格控制,否则会加剧我国高、中等农业教育比例严重失调,同时也不能保证专科的质量。"这些政策在江苏省得到了贯彻。

到了20世纪90年代以后,这些限制逐渐被打破。1993年,农业部教育司要求各省(区、市)农业部门就发展农业高等职业技术教育(简称"农业高职")开展调查研究,探讨试办农业高职的必要性和可行性。1994年9月国家教委下发《关于在成都航空工业学校等10所中等专业学校试办五年制高等职业教育班的通知》。五年制高等职业教育通常简称为五年制高职,所培养的学生先上三年中专,再上二年,二年学习期满后,拿大专文凭。这种教育形式把中等教育与高等教育贯通起来。1998年,江苏省教委、计经委、财政厅、人事厅、物价局联合印发《关于我省重点中专校举办五年制专业班有关问题意见的通知》,当年,全省有26所中专校开办五年制高职班,当年招生人数为3 180人,其中,包括8所农业中专中的3所学校,这三所学校均是省农林厅直属学校,办学条件比较好。此后,江苏省中专学校办大专班的规模迅速扩大。2000年,有62所中专校试办五年制高职班,招生人数达到15 000人,2003年,招生规模扩大到6万人。

表 3-1　1981—1985 年句容县农业职业高中及普通中学附属职业班办学情况

年份	学校	专业	班级数	学生数	专任教师数
1981	春城中学	农业	2	100	3
1982	郭庄中学	农业	1	42	1
	茅山中学	农业、林业	2	76	3
	大卓中学	畜牧兽医	1	45	1
	高庙中学	茶叶、桑蚕	2	79	
	县二中	幼师	1	50	2
1983	郭庄中学	农业	2	84	1
	茅山中学	林业	3	112	4
	大卓中学	水产	2	79	1
	高庙中学	茶叶、桑蚕	4	161	7
	县二中	幼师、建筑	1	48	1
	东山中学	农业	2	76	5
1984	郭庄中学	农业	2	78	2
	茅山中学	林业	3	124	4
	大卓中学	水产	2	78	1
	高庙中学	茶叶、桑蚕	6	238	25
	县二中	幼师、建筑	4	196	14
	东山中学	农业	3	119	8
1985	郭庄中学	农业	1	28	1
	茅山中学	林业	3	122	10

年份	学校	专业	班级数	学生数	专任教师数
1985	大卓中学	水产	1	35	
	高庙中学	多种经营	9	335	42
	县二中	幼师、建筑	4	184	13
	东山中学	农业	3	116	10
	县职业中学	财会、农机	2	107	2

资料来源:根据句容县县志数据整理而成。

根据教育部规定,中专学校没有资格发大专文凭,办五年制高职班的学校需要找高层次院校联合办学,以便在高职班学生毕业时,能拿到后者颁发的大专文凭,这限制了中专学校办高层次教育的自主性。为争取发展空间,中专学校要求升格为高等院校,省内的 8 所农校也在这方面努力,争取上级部门财政支持,添置设备,改善师资,整理申报材料,以便迎接教育部门的评估。2001 年之后相继有 5 所学校如愿以偿,升格为高等院校。如今这 5 所学校主要办大专教育,同时也保留着一部分中专教育,2010 年,由江苏省农林学校演变而来的江苏省农林职业技术学院在高校招生录取中招收大专生 3 600 人,而从中考招生录取中招收的中专生只有 360 人。

8 所农校中剩下 3 所没有升格,目前仍在努力试图跨入高等教育的大门,在这之前,采取变通的办法,打开被动局面。比如,与江苏省联合职业技术学院联合办学,挂上其分校的牌子,更名为"某某高等职业学校",或"某某学院分院",在名称上往高等院校上靠。从现有的有关农业职业教育的文献看,高等职业教育在学历教育层次上属于高等教育范畴,这个学校本身不能办大专,却把自己的名称中加上了"高等"二字,只是最后两个字仍然是"学校",虽然不是像已升格的 5 所农校一样,名正言顺地冠上标榜自己是高等院校身份的"某某学院",但加上

"高等"二字，至少在名头上好看一点。其中的一所学校还保留着"某某农校"的老牌子。据该校有关人士讲，这主要是考虑到该农校已经有百年的历史了，在海内外影响比较大。当然，该校坚持认为，自己是大专院校，机构设置和管理制度一应往高等教育上靠，比如，该校 100 周年校庆时编写了一本校史，其中把按高等教育相关规定来进行教师职称评定作为大事载入。该农校把自己标榜为高等职业教育也还是有一定道理的，因为其三年制中专招生规模已经不及五年制高职。该校招生部门的人讲，一些没有能够进入五年制高职班学习的学生，如果投报普通中专班，三年中专期满，也有机会编入五年制高职继续学习。没有升格的学校仍然没有放弃努力。据省农林厅人士介绍，位于江苏省最北部的一所学校很快就会升格，2010 年，已挂上"某某学院（筹）"的牌子，估计不用多久可正式进入高等院校序列。

与大专层次的农业职业教育扩张相比，中等农业职业教育萎缩。中等农业职业教育主要包括农业中专和农业职业高中两大块，8 所农校的升格情况已印证了农业中专教育的衰退，而农业职业高中更不乐观。《中国教育年鉴》显示，1998 年，江苏省农业职业中学共有 444 所，招生人数为 8 万人；2002 年，农业职业中学数为 309 所，招生规模为 8.66 万人。粗看起来，只是学校数减少，招生规模并未有太大变动。事实上，江苏省把县镇和县镇以下的职业高中都包括在农业职业中学的统计范围内了。从 2002 年后，《中国教育年鉴》不再发布农业职业中学的统计数字，只剩下职业中学的统计资料。江苏省统计资料所指的农业职业中学并不名副其实，这里的"农业"改为"农村"更为合适。以句容县为例，在 20 世纪 90 年代，郭庄中学、大卓中学、茅山中学相继停办农业职业高中班，2006 年高庙中学停办，其校园和办学设施租赁给江苏省农林职业技术学院。2008 年，位于句容县县城附近的三所职业中学——东山中学、二中的职业高中班与句容职业中学合并为句容职业技术教育中心。经过这一系列的变动，到2009年，该县名副其实的农业职业高中只剩下2个办学班级，招生人数只有80人。句容县的情况在江苏省有代表性，2000年前后，以提高办学效率的名义，县办职业中学经历了一轮大规模撤并，一些曾引起全国关注的办学先进学校，如张集职业高中、泗阳爱园中学及海安农业工程学校等遭到裁撤。为保住一部分有办学传统的职业中学，2000年，江苏省教育厅和农林厅联合组织人员对15所现代农业类现代化建设试点学校和15所骨干农职业学校进行检查视导，但是，收效甚微，有农业专业的职业中学不断减少，2010年，位于长江以南的该省南部地区，只有句容县还设有农业职业高中班，就是这还是与江苏省农林职业技术学院合办的。

（二）学科范围扩大，农科专业被边缘化

30年来，江苏省农业职业教育已由单一的农科向农、工、贸等多学科门类方向发展，大部分学科是与种养业无关的，甚至脱离了"大农业"的范畴，与种养业相关的学科办学规模缩小。

20世纪80年代，8所农校农业专业少，方向明确，紧扣种养业。80年代中期，农业部曾经在浙江开过现场会，推广嘉兴农校创办农村家庭经营专业的经验，但是，江苏省并没有效仿嘉兴农校的做法。现在，专业分类很细，很复杂，究竟有多少是面向农业种养生产一线的，我们很难有准确的统计数据。从教育部2000年公布的中等职业学校专业目录来看，农林类专业共有19个门类，其中与种养业相关的专业有7个。每个专业下又有若干专业方向，专业方向没有具体规定，该目录只是举了一些例子，学校根据情况自行设置。从列举的专业方向上看，与种养业相关的专业并非都是与粮食生产相关的，比如，种植专业名下的方向有农作物、果蔬，也有烟草、草坪生产与养护。

农业职业中学所办的农林专业急剧减少。2002年之后发布的《中国教育年鉴》并没有使用农业职业中学的术语,而是代之以县镇和农村职业中学。该年鉴表明,县镇和农村职业高中发展很快,由 1984 年的 4 285 所发展到 1995 年的 5 117 所,在校生人数由 1984 年的 89.5 万人增加到 1995 年的 198.3 万人。该年鉴也指出,随着农村产业结构的调整,农村职业学校增加为第二、三产业服务的专业。2003 年,县镇和农村职业高中农业类招生人数由 1992 年的 25 万人下降到 1995 年的 16 万人,下降幅度为 36%,农林专业招生人数占县镇和县镇以下农村职业中学人数的比例是 26.8%,1988 年下降到 12.7%。至少在 80 年代末,与全国相比,江苏省农业职业中学农林专业学生数所占比例要低。这主要是因为该省乡镇企业发达,农业职业中学专业设置向工业类转移,这从工业类招生人数所占比例大幅度增长得到验证。1988 年以后的数据,我们没有能够查到,但是,我们在实地调查中发现,所谓的农业职业中学的"农"字可以去掉了,因为其中学农的学生已经微乎其微了。2010 年,江苏省南部地区仍然设有农林专业,江苏省职业技术教育中心所办的还是园林设计专业,总算与农业挂上了边。江苏省中部和北部地区仍有一些职业学校设有农林专业,但所设专业大部分是与种养业无关的,即便是农林类专业也多名不符实,比如,东台市职业技术教育中心招生计划上列有农业机械化专业,但是,旁边还加上了注解"模具设计方向"。江苏省农林职业技术学院每年有对口招生指标,全省农林专业的中职学生可以通过单独入学考试,到这里接受大专学业。2001 年,尚有 1 425 人报考,到 2009 年,报考人数不到 600 人。据该校负责招生工作的老师介绍,这类对口招生对考生是有吸引力的,中职学生一般不会放弃这样的好机会,对口招生生源的下降表明,省内农林专业的中职毕业生人数减少。

表 3-2　教育部中等职业学校专业目录

专业编码	专业名称	专门化举例	建议修业年限(年)
01	农林		
0101	种植	农作物 果蔬 观赏植物 植物保护 种子 烟草 茶叶 草原与饲料作物 草坪生产与养护	3
0102	农艺	经济作物 热带作物 药用植物 农产品质量监督与经验	3
103	园艺	果树 蔬菜 观赏植物 生物技术应用 草坪生产与养护 食用菌	3
0104	桑蚕		3
0105	养殖	畜禽养殖 养牛 养禽 经济动物养殖 动物营养与饲料	3
0106	畜牧兽医	畜禽养殖 兽医 动植物防疫检疫 兽医卫生检验	3～4
0107	水产养殖	淡水养殖 海水养殖	3
0108	野生动植物保护	自然保护区管理 野生动物养殖 野生动物产品开发与利用	3
0109	农副产品加工		3
0110	棉花检验加工与经营	棉花检验 棉花加工 棉花经营	3
0111	林业	森林保护 经济林 社会林业	3
0112	园林	园林规划设计与施工 园林花卉 植物选景设计与盆景制作 草坪生产与经营	3
0113	木材加工	家具设计与制造	3～4
0114	林特产品加工	药用植物 食用菌 绿色产品开发	3
0115	森林资源与林镇管理	森林调查 林政管理 森林防火	3
0116	森林采运工程		3～4
0117	农村经济管理	牧业经营管理 渔业经营管理 乡镇企业经营管理 农村合作经营经营管理 乡村综合管理 农村家庭经营	3
0118	农业机械化	农机技术推广 牧业机械化 渔业机械化 农业现代化设施	3～4
0119	航海捕捞		3

资料来源:教育部网站。

表3-3　1984、1987、1988 年江苏省农职业中学各专业招生人数及所占比例

万人,%

专业	1984		1987		1988	
	在校生数	占比	在校生数	占比	在校生数	占比
工科	3.682	39.3	7.654	48.2	8.335	51.8
农林	2.520	26.8	2.414	15.2	2.047	12.7
财经	1.102	11.7	1.907	12.0	1.724	10.7
师范	0.701	7.5	0.783	4.9	0.630	3.9
商业服务业	0.850	9.2	2.162	13.6	2.391	14.9
医药	0.144	1.5	0.227	1.4	0.236	1.5
艺术	0.194	2.1	0.246	1.6	0.271	1.7
其他	0.181	1.9	0.494	3.1	0.424	2.8
合计	9.384	100	15.887	100	16.098	100

资料来源:根据 1985、1988、1989 年《中国教育年鉴》相关数据整理而成。

　　农业中专的情况也是如此。新中国成立后,我国农业中专专业设置是比照苏联的经验,形成了一套按学科来分类的体系。80 年代初,江苏省 8 所农校共设有农学、土肥、植保、园艺、林学、茶叶、畜牧兽医、农业经济管理 8 个专业。后来,随着乡镇企业、农业多种经营的迅速发展,陆续增设了乡镇企业管理、乡镇企业财务会计、特种养殖、农村建筑、文秘等专业。90 年代后,农业部指出,要打破传统的学科分类办法,建立与市场经济相适应的,有利于培养学生职业能力的专业分类体系。新的办法强调,专业设置要有灵活性,专业设置权要下放给学校。随着政策的放宽,农业中专的专业数迅速增加,但是,农林类的专业并没有同步增加,与粮食生产相关的种养专业不但没有增加,反而有所减少。江苏省农林部门主管人员对 8 所农校农林专业发展现状的判断是"缓慢增长",表 3-4 所提供的信息似乎验证了那位官员的判断。

表 3-4　江苏省 8 所农职院校学生数变化情况

人

	在校生数	招生数	毕业生数	农科专业毕业生数
1989	4 254	1 700	1 167	1 021
2000	16 404	4 693	5 612	4 489
2009	81 904	22 101	21 130	5 250

资料来源：根据江苏省农委内部资料整理而成。

这里面有一个疑问，即他所讲的农业范围到底有多大，是小农业，还是大农业？通过查看几所学校的网站，我们发现，这个"农"是大农业，真正与粮食生产相关的专业办学规模很小。江苏省农林职业技术学院所办的作物生产技术专业是直接与种植业相关的专业，其他 7 所农职院校还没有这类专业，2010 年，这个专业一共招 65 人，这在这个学校的招生总数中所占比例很小。当年，该校计划招收 67 个专业的大专生 3 645 人。有 2/3 的专业是与农业挂不上边的，如数控技术、音乐表演、通信技术、应用日语，还有些貌似与农业有关，实则不然，比如，畜牧专业有 3 个班，其中两个班学的是宠物养护与疾病防治、宠物护理与美容。农林类的专业方向大部分是与园林相关的，常见的是园林建筑、都市园艺、园林工程预算、园林建筑、园林技术（高尔夫管理）。该校的情况具有普遍性，甚至有的学校走得更远，干脆把"农"字去掉了，变成了"某某环境资源学院"。

（三）向城市和发达地区集中，农村基层办学力量薄弱

总结近 20 年来江苏省农业职业教育的区域布局，我们可以看出这样的趋势，即由经济落后地区向发达地区集中，由农村向城市集中。

新中国成立之后，江苏省的农业职业教育形成了地县乡三级办学体系，即每个地区有一所农业中专，每个县有农业职业高中，每个乡有农业初中或农民学校。20 世纪五六十年代，农业

中学曾经在农村地区很普及,改革开放后,农业职业中学成为农民身边的农业职业教育办学机构。80年代初农业部曾设想,农业中专在一省大区域范围内布局,农业职业高中在县域范围内布局,农业中专与农业职业中学互为补充,共同发展,前者为后者提供教学和科研支持,后者依靠小区域办学的优势,就近向农民传播农业技术,并为后者提供农业生产现场急待解决的课题。如今,在江苏省,布局在县镇以下农村的农业职业中学基本消失了,所剩无几的农业职业高中班无一例外地集中在县城。

江苏省升格为高等教育的5所农业职业院校集中在经济相对发达的南部和中部地区,北部的3所学校到目前为止还不能独立办大专教育。80年代,8所农校办学条件差别不大,之后逐步分化。条件好的升了格,生源质量有了保证,差的只能招收初中毕业生,生源受到影响。2010年,位于北部的一所百年老校在校生只有6 000多人,招生规模为1 980人,而江苏省农林职业技术学院靠近省会,在校生人数超过12 000人,招生计划将近4 000人。北部地区是传统的农业区,农业在经济中所占比重大。

新中国成立之前,我国农业职业教育布局就存在过分向城市集中的倾向,新中国成立初期延续了新中国成立前的格局。1958年,毛泽东发出了农业大学要搬到农村去的指示,由此,江苏省的8所农校开始了一场迁校运动,比如,淮阴农校由当时的淮阴地区专员公署所在地清江市北郊迁往淮安县运河公社,南通农校迁到如皋县薛窑。20世纪90年代后,又出现了大规模返城运动。南通农校从薛窑迁回了南通市区,盐城农校搬进了盐城市的大学城——把位于城郊的南洋职业中学兼并,实现了进城的目标。没有迁校的几所学校原本就位于城市郊区,随着城市的扩张,已经成为城市的一部分。在返城运动中,农校用于教学实践的农场面积缩小,或者远离了学校教学、生活区。如句容农校(现更名为江苏省农林职业技术学院),"文革"前设在句容县桥头乡，远离城市，"文革"后复校时迁到了句容县城北郊，现在该校已经被一大片住宅和政府办公楼包围。原先校区分两部分，一部分是试验田和畜牧养殖场，一部分是教学、生活区，两个部分只隔一条马路。2000年后，学校开始扩建，在马路北边的农场旧址上建起了教学楼和图书馆，原来的农场就剩下了几亩地。现在，这所学校给人的感觉是气派的校门、恢宏的楼群及宽阔的广场和草坪，事前不知道这里原是所农校的人，可能会误认为到了某所大学。这个学校在该县北部圈了一千多亩地，建了个农业产业基地，据称是用于教学、科研之用，但这里离学校约有25公里，学生到这里实习极为不便。句容农校的情况要算好的，毕竟还建起了新的农场，有的学校情况更糟，如盐城农校就剩下不到3亩的花卉种植园。

二、江苏省农业劳动力现状

江苏省工业化、城市化进程加快，农业生产方式正在转变，农业迫切需要各类技能性人才，但现有的农业劳动力队伍状况堪忧，优秀人才很难投入到农业上去。

（一）农业劳动力素质低下

当前，农民正出现分化，江苏省耕地在向种粮大户集中。2010年6月，我对种粮大户做了一个调查，目的在于了解他们的年龄结构和文化程度。这些种粮大户集中在镇江市南部的几个乡镇。在这里，农地流转现象比较普遍，比如，某村共有5 300多亩耕地，其中有3 600亩土地转包给本地或外地农民集中耕种。种粮大户分布比较广，我们难以个别走访。恰好我有一个亲戚在镇上开了家粮食加工厂，经营米麦加工、贩运业务，与周边的种粮大户有业务往来，六月份正是小麦收割的季节，每天都有不少农民来送粮、结算。该厂一般与种粮大户打交道（据我的亲戚讲，小农户送来的粮食质量不好把关，一般不收），借助亲戚的业务关系,我随机调查了287个种粮大户。我与他们当面交谈,根据谈话内容做记录,在全部访谈工作完成后,对所做记录加以整理。

287个种粮大户的种植面积都在30亩以上,在30~50亩之间的有27户,51~100亩之间的有68户,101~150亩之间的有147户,151~200亩之间的有41户,201亩以上的有4户。近九成的种粮大户经营面积在50~200亩之间,据亲戚讲,仅靠种50亩水稻田没多大赚头,还不如出去打工,除非再打点小工或做点小买卖,但这样要一心挂两头,时间上安排不过来。但是,地太多了又忙不过来。

笔者所调查的种粮大户普遍年龄偏大,25岁以下的仅有3人,26~45岁的有69人,46~60岁的有185人,61岁以上的有30人,分别占受访问者总数的1.04%,24.04%,64.46%和10.46%,年龄最大的已经达74岁。287个种粮大户平均年龄为52.7岁。据统计,2006年,江苏省农村常住人口中40岁以下的比例为49.8%,外出务工劳动力总数中40岁以下的比重为71.9%,50岁以上的比重为8.9%。

表3-5　粮食种植大户年龄、文化层次构成表

分类项目	类别	人数	占比/%
年龄	25岁以下	3	1.04
	26~45岁	69	24.04
	46~60岁	185	64.46
	60岁以上	30	10.46
文化程度	大中专生	17	6.02
	高中生	34	11.85
	初中生	190	66.20
	小学及文盲	46	16.03

资料来源:根据笔者访谈资料整理而成。

再看文化程度,具有本科及以上学历的一个都没有,专科学历层次的有5人,中专学历的有12人,高中学历的有34人,初

中学历的有 190 人,小学及以下层次的有 46 人。按照国家《中长期教育改革和发展规划纲要(2010—2020 年)》的要求,到 2020 年新增劳动力平均受教育年限从 12.4 年提高到 13.5 年,主要劳动年龄人口平均受教育年限从 2009 年的 9.5 年提高到 11.2 年,接受高等教育的比例达到 20% 以上。种粮大户的文化程度远远达不到这个纲要的要求。

在调查的种粮大户中,老王的情况具有代表性。老王今年满 60 岁,老伴今年 58 岁。8 年前到某村承包土地,一开始包了 30 多亩地,现在已经增加到 185 亩。老王讲,他上过初中。老伴补充道,老王年轻时,家里经济困难,初中没念完就回生产队挣工分了。老王在老家当过村干部,后来开厂赔了本,欠了好几万元债,无奈之下,跟人跑到江南来承包土地。老王说,这边的年轻人不少在城里买房成家,或者外出打工了,平时村里就剩下老年人。村里人一般就种个口粮田,够自家吃就行了,种地不合算,又苦,起早摸黑的,不像上班有固定的作息时间,按月拿工资。村里少有善于种地的人,有一户种 30 来亩地的村上人,明年也要把地转给他了,这个人除种地外,还跑运输,用四轮农用车到镇上帮人家送送货。老王有两个儿子,都在附近的城市打工,小儿子刚结婚,老王把这几年赚的钱,资助儿子在城里买了商品房。我问老王,你们老两口岁数大了,体力渐渐跟不上了,现在承包的地越来越多,何不让小儿子回来一起干,将来也好接你的班?老王说,小儿子刚开始还有点动心,但是儿媳妇不愿意,担心影响小孩的教育。周围来自老王家乡的种粮大户有 9 户,年龄都在 50 岁以上,其中有两户的户主年龄比老王还大,与老王一样,这 9 户人家农活主要是夫妻两个人干,忙的时候雇短工。我问老王跟他相熟的种粮大户文化程度如何。他说,来种田的都是混生活的,书读得多的人,看不上这一行,干这行识个字,会算算账也就行了。

一位农业技术人员在跟我交谈时，说道，当下的种粮大户不能称为现代农民，其种植方式并没有改进，只是种植面积扩大了。以下就是他的谈话内容：

就水稻田治虫来讲，种粮大户下农药的次数和数量都偏多。有的人说，农民思想保守，怕收成不好，宁愿多打点农药，但这只是一个方面，缺乏科学素养也是一个因素。水稻治虫有一个最佳时机问题，治早了，不起作用，迟了也不行。虫情是变化不定的，地形、风向、降水量都是影响因素，什么时候治，用什么药，用多少，不能一概而论，不同的地方，不同的年份，是有差别的。接受过专业训练的人，虫情观察、看苗诊断等基本功是有的，能够用最少的药达到杀虫的最佳效果。一般的农民坐家里等乡上农技部门的通知，上面让怎么用，就怎么用。其实，上面掌握的是总体的情况，具体到自家地里是啥情况，是另一码事，可能自家水稻田里虫情还没形成就把药下下去了。现在，做农药生意的图赚钱，为了多推销农药，假报虫情、加大用药剂量的情况并不少见。乡上的农技部门上面不给工资钱，靠卖农药谋生，他们的信息不一定就灵，农民自己要懂点植物保护知识。

有的老农民完全凭老经验办事，乐果是六七十年代大量使用的农药，经过这么多年，作物病虫已经对这种药有了抗药性，下到田里不起作用了，但是还在使用，包括一些种粮大户。虫情一重，农民就没主意了，逮着药就用。

现在，一说到农业技术推广，好像就是农业技术人员的事情，其实，农业技术推广的主体应该是农民。最近搞测土配方，上面喊得凶，到了农民这儿就卡壳了，县里把配好的肥料推到市场上，政府给补贴，价格也不贵，但是，销售情况就是不好。问题是，农民不信你这一套。

现在的种粮大户种田多,成本却不见得低,这与种田方法有关系。这几年种粮成本不断上涨,一部分原因是农药、化肥价格贵了,还有部分原因是种粮大户农药、化肥使用不当,像今年的情况,我们农科所的试验田只下了 3 次农药,附近的一个种粮大户用了 6 次药,原因在于虫情把握不当,下药早了,不顶事,多下了两次药。

大户与一般农民不同,种田是要将本求利的。现在,一亩水稻一季下来,土地承包费,农药、肥料、水电费,以及人工费加起来要达到 800 元左右,正常年份水稻产量也就千把来斤,赚个 200 来块钱,碰上灾年,可能还要蚀本。为了降低成本,有的大户不讲道德,违规用药。甲胺磷是一种剧毒农药,杀虫效果好,价格也不贵,但其残留物对人体健康有害。现在好多国家已经禁止使用这种农药,我国从 2008 年开始,也宣布停止生产和使用,一些种粮大户还在偷偷使用,农药贩子也在偷偷卖。所以说,农业的问题千头万绪,归根结底还是人的问题,农民的素质提高了,可以起到纲举目张的作用。

现在上面天天喊农业规模化经营,农业规模化经营到底是什么? 这是首先要搞清楚的。农地规模经营不只是种植面积的规模的扩大,也是种植方式的革命。现代农业归根结底是生产方式的改进,而生产方式离不开人的因素。当前,我国在推进农业规模化经营过程中,有一种"见物不见人"的倾向,只强调农地的流转和集中,但是,农地流转到谁手上,农业规模化经营到底由谁来承担,这些问题往往被有意、无意地忽略了。联系到江苏省种植业人口素质低下的现实,可以说,农业职业教育人才培养与农业的实际需求相差很远。

(二) 新型农业经营主体人才匮乏

前文提到的某村被所在市规划为菜篮子基地,村里把 3 600

亩农民承包地集中起来,利用市里的专项资金将其改造为蔬菜田,统一包给本地或外地的大户。

该市农委的同志说,为促进蔬菜规模化种植健康发展,市里十分重视后续服务,对来这里创业的大户进行技术培训,农业部门安排技术人员上门技术指导。但是,农技推广部门人手不够,农技人员上门不可能随叫随到,某些具体问题,还需要种菜大户自己去解决。比如,病虫害防就是一项复杂的系统工程,越是上规模的蔬菜基地,越需要有专人从事这项工作。蔬菜种植大户大部分精力用在跑销路上,技术上要另外请人干。

但是,符合条件的人才很难找得到。蔬菜种植大户老刘和我谈了他的苦恼:

> 现在拿得上手的人才太少了。农校的学生不比从前,眼高手低。说起来是大专,但实际上学的东西都是书本上的,书上的东西毕竟是死的,没有自己动过手。好多老板讲,现在来一个大学生,除了电脑在行,其他的都不行,还得我来一样一样教他。我们招的人来了就得派上用场。再说,这些学生想法还很多,干不了几天就走人,我们辛辛苦苦把人培养出来了,最后人跑了。有的学生怕吃苦,这也嫌脏,那也嫌累的,压根儿就瞧不起我们这一行。搞农业就是跟泥土打交道,苫棚布,挖水渠,浇水,样样要在行,这也不想干,那也不想干,趁早走人。所以,到现在,也没有找到个合适的人。自己既要在外面跑销售,还要牵挂田里的事情,整天忙得团团转。上次碰上菜椒枯萎,我们按照老法打药,不顶事,眼看着水灵灵的菜椒蔫了,就是没法子,最后还是请退休的老农技员来才把问题查出来。我虽然雇了不少人,但都是些粗劳力,这些人做点死事还行,如采摘、分拣,碰到技术上的难题,还得要找懂技术的人来。

老刘的话表明,农业职业院校培养出来的人才有的怕苦畏劳,对农业没有兴趣,有的只懂得书本知识,而没有实际工作能力,有的两者兼具,所以出现了"用人难"的状况。老刘的情况不是个案,类似的情况在其他农业企业也存在。2010年,新华网就报道了贵州一家蔬菜经营企业"人才难觅"的困境。①

该市农委的同志不无担忧地讲了这样一段话:

> 现在,说到现代农业,大家谈得多的是土地和资金问题,但是,这不是主要的,人才才是关键。这几年,全市经营大户和农业合作社发展得很快,但是,都做不大,原因很多,但是缺少人才恐怕是最主要的。技术和管理跟不上,光靠老板一个人忙,跑不了多远。虽说,J农校就在家门口,每年培养万把多学生,但是,真正到农村来的没几个。J市丘陵山区多,适合发展林果业和畜牧业,市里也作了相应的规划,并且到处招商。"商机"虽多,人才难觅,不少农业企业来看过之后,打了退堂鼓。如今,农业人才成了香饽饽,有的农业企业开出年薪十万的价码,也难招到一个合适的人。有的大户专门带着茅台酒上门,向农业科研人员请教病虫害防治和土肥管理。现在,农业职业教育荒废了,真正肯钻研的人太少了,人才培养不是一天两天的事,照这样下去,农业真成了大问题。

该市有一位葡萄种植大户经营搞得好,资金雄厚,添置了冷藏设施,自己牵头成立了合作社,生活条件也不错,家里有小汽车,2004年,胡锦涛总书记曾经到他家视察过。这位种植大户快50岁了,儿子已从职业学校毕业,做父亲的希望儿子回来帮着管理自家果园,但是儿子不感兴趣。无奈,这位种植大户通过

---

① 金山网:http://www.jsw.com.cn/news/2010-06/09/content_2055421_3.htm.

关系把儿子弄到市里去工作。我问这位父亲,将来谁来接他的班,他答道,还没考虑这个问题,只是感到儿子不是这块料子。

2010 年,江苏省优先扶持农民专业合作社有 8 646 个,据介绍,没有纳入省农林厅统计范围的合作社还有不少,除了合作社外,还有大批专业农户,虽然还没有这方面权威数据,但是,不会少于专业合作社的数量。各类新型农业经营组织在江苏省已经有一定规模,但是人才匮乏给其今后的发展蒙上了阴影。

(三) 基层农技推广后继乏人

1998 年 4 月农业部教育司就基层农技推广系统(种植业为主)人力结构现状组织了一次摸底调查,江苏省是这次调查的三个省区之一。调查结果表明,乡一级农技推广站组织健全,平均每个乡有农技人员 9 人,在受调查的农技人员中有各类技术职称的比重为 57.55%,拥有中专及以上学历的比例达到 85%以上,基层农技人员年龄偏大,专科以上的高层次人才比例小。这份调查报告还是有值得推敲的地方。首先,这些受调查的人员是否真正在干农科推广工作,如果该调查的数据是由基层单位填表上报的方式采集到的,那么这当中不排除有虚假的成分;其次,这些人的文凭与职称是否与农业技术相关,比如,为谋求晋升和加薪,到党校拿个文秘专业的文凭。所以,实际情况很可能没有报告上的数字乐观,但是,基层农技人员年龄大恐怕是事实。现在距离该报告发布已有 10 多年了,目前江苏省基层农技人员的现状如何,我们难以看到官方发布的权威资料,鉴于个人能力的有限,我们难以在大范围内搞摸底调查,只能选取一个市做个案分析。我跟该市农业局的一位农技人员做了长谈,他是20 世纪 80 年代的老农校生,毕业后一直在此地做农技工作,从他的谈话中,可以对该市的有关情况有个大致了解。

该市农技推广系统由县、乡、村三级组织构成。过去,乡一级是重点,全县有 16 个乡镇,每个乡镇平均有 9 ~ 10

个农技人员。农技人员由三部分构成,一是农校毕业后分配过来的,二是从村干部中吸收进来的,三是部队退伍转业安置人员,人员比例各占 1/3。后两部分人员虽然不是科班出身,但是经过培训,也能派上用场。尤其是村干部,他们中的不少人原本就是种田好手,也有点文化。做好这项工作关键是自己要肯钻研,80 年代招进来的人,经过这么多年实践,都已成为业务骨干。特别是老农校毕业的,既有扎实的专业知识,又有丰富的经验,基层农技推广就靠他们挑大梁。村一级农技推广队伍散了,按规定,村里要有专职干部负责这项工作,说是专职其实大多是临时指派的,上面农技部门来人了,负责联络,跑跑腿。现在,乡一级农技队伍也快垮了,1993 年以后,乡农技站、畜牧种子站就没有再进过一个人,老农校毕业的业务骨干都到了 50 岁上下的年龄。乡镇机构改革后,原来 16 个乡镇合并成了 6 个中心镇,乡里的七站八所的并,撤的撤,有经验的技术骨干提前内退,或者找路子调到市里面了,剩下的一部分人下放到种子、农药门市部。现在,乡里哪有真正的人在搞农技推广?名义上,乡上有专职农技干部,实际上是挂名的,现在乡镇上只有 30 多个干部编制,上面千根线,下面一根针,基层的事情又多又杂,一个人干好几样事,哪样重要忙哪样,最近干部都抽调下去忙拆迁了。

县里的情况也不好。县农业局原来有 7 个部门,分别是植保、栽培、土肥、生态、农广校、科教和执法大队。植保部门有 7 个人,栽培 4 个人,土肥 4 个人,后来机构改革把植保、栽培和土肥三个技术部门从行政上分出来,成立了农业技术推广中心。现在,该中心技术人员有 11 人,实际在岗的只有 7 人,其余 4 个人只是编制挂在这里,人不在这里上班,在岗的 7 个人还有 1 个人身体不好,马上就要办退养,只能算半个人。在做事的 6 个半人中,负责农作物虫情观察和预报的只有两个人,这两个人分别是 1985 年和 1987 年进的农业局,现在约 50 岁出头了。农业局编制控制得紧,技术口子上多年不进人了,最近的一次是 1997 年,那一年来了一个淮阴农校农艺专业的毕业生。

该市有 50 多万亩耕地,地域广阔,地形复杂,夏季温度高,空气湿度大,虫情发生率高。虽然从全市来看,虫情有一个总的规律,但是,具体到一个小区域上,还是有差别的,光靠市里的两个植保人员是远远不够的。乡里有经验的测报人员很少,光靠市里的两个人下去,跑不了几个点。

农技推广人员的培养是有周期的,要干好这项工作不仅要有扎实的专业知识,还要有多年的实践经验,培养出这样一支队伍不是一蹴而就的事情。如果任由基层农技队伍朝着老龄化发展,那么农业技术推广很快就会面临后继无人的尴尬局面。

三、农业职业教育宏观结构矛盾

农业职业院校办学规模不断扩大,而基层农业人才日益匮乏,这种结构性矛盾的核心在于农业职业教育脱离了为农业服务的办学宗旨,出现了非农化趋势。

从我们可以观察到的层次结构、专业结构和地域分布结构的变化情况看,江苏省的农业职业教育离农业不是近了,而是远了。江苏省农业职业教育层次越办越高,中专升大专,专业越办越多,学科划分越来越细,少有农村家庭经营、农民合作社经营管理等农业上急需的专业,所培养的学生的知识结构与去当农民所具备的职业素质并不吻合,学生毕业后"学非所用"的现象很严重。

20 世纪 80 年代初,农业部对农业职业教育布局有一个规划,即农业中专一般办在地市区级,在一省大区域范围内布局,农业中专与农业职业中学是互补的关系,前者为后者提供教学和科研支持,后者依靠小区域办学的优势,就近传播农业技术,并为后者提供农业生产现场急待解决的课题。

农业职业中学点多面广,布局于县域内的不同的农业地带,针对当地农业生产条件来组织教学,培养适应当地农业生产的人才。农业有很强的地域性,这种小区域办学模式有其合理性。比如,该市茅山和郭庄两个地方差别就很大,郭庄是河湖冲积地带,而茅山是丘陵地区,虽然两个地方只相隔 20 多公里,但土壤、风速等农业生产条件有很人差别,农业生产结构也不一样,茅山适合发展林果业,而郭庄适合搞大田作物。农业职业中学在小区域办学,老师和学生都是本乡本土的,对家乡有感情,熟知当地风土人情,教学内容也接近农业生产实际,学生学起来有兴趣。

笔者从该市一所职业中学的校志中看到这样一段文字:

> 我校地处丘陵山区,多年来坚持把人才培养与发展当地特色经济结合起来,把专业建设重点放在园林技术上。园艺专业教师从当地农业的实际出发,自编教材,坚持学用结合。1981 年底,我校自筹资金开辟了一个林场,并把园艺班迁到林场,边教学、边建设。老师和学生一起动手在林场新建了温室、科研室、小气象站等。从外地引进玉兰、中山柏等,增加花木品种,引进树桩、山石,开辟了盆景园,学生在这里边学习、边劳动,掌握了池杉、雪松、龙柏、月季、菊花、桂花、天竺、蜡梅等 140 多种花木的繁殖、栽培和管理,以及盆景剪扎的有关知识和技术。学生均来自周围农民家庭,不少学生家庭是搞花木生产的,学生入学前就对这一行有感性认识,再经过学校的系统培训,这些人很快就成了家庭经营的顶梁柱,农民很愿意把孩子送到这里来上学。现在,这里的花木业已经成为当地农民致富的主要门路。我

校的办学经验得到了上级领导的肯定。

从这段文字中,不难体会到,办在农民身边的农业职业教育,对于提高农民科技素养、培养乡土科技人才、传播农业技术,具有不可忽视的作用。现在,江苏省农业职业教育出现了"高大上"的局面,向高等教育、中心城市集中,而县镇以下的农业职业中学基本垮了,这对培养农业乡土人才是很不利的。

江苏省政策部门已意识到农村科技力量的薄弱,推出"挂县强农富民工程",试图把进城的农业职业院校师资力量动员到农村基层去,带动农民科技致富。但是,不少人对其效果提出怀疑。

一位在农校从教多年的老教师讲了这样一段话:

现在的农校不愿意待在农村,纷纷往城市靠,学生学的专业五花八门,就是跟农家经营、农村实际挂不上号。现在省里搞所谓"挂县强农富民工程",这完全是形象工程,把农校老师赶到北部农村去蹲点,美其名曰"帮助农民致富"。农校老师对当地不了解,缺乏长期的科研积累,说得不客气一点,有的老师懂的还没有当地的农民多,到地方上去能起什么用。况且下基层的多数是年轻教师,刚从学校出来的,缺乏农业实践经验,有经验的老教师仗着资格老,不肯下去。省里为了把这个工程推动起来,拿钱在铺路,下去挂职的老师,每人一天补助一百多块钱。

育人与农技推广是农业职业教育的两大任务。这两大任务不是互不相干的,而是有机统一的。发动农校教师到基层挂职扶贫只是谋一时之功,而把教育办到农民身边去,在育人中渗透人文精神和科学素养,才是长远之道,正所谓"与其授人以鱼,不如授人以渔"。农业职业教育是以培养农业人才为目的的教育。在经济转型过程中,江苏省对高素质农业劳动力的需求增加,农业职业教育的社会需求有很大的空间。上层建筑一定要适应经济基础,这是社会发展的客观规律。农业职业教育是上层建筑,而农业对人才的社会需求是经济基础的一部分。从江苏省的情况看,农业职业教育是与农业的需求有很大差距的,存在深刻的结构性矛盾。

第三节　农业职业教育的微观结构

农业职业教育结构是个体层面、各个行动主体共同作用下的产物。本节将研究学生及其家长、农业职业院校,以及作为教育市场调控方——国家的行为特征及这三者之间的关系,以找出农业职业教育宏观结构失衡的原因。

一、个体需求

学生对就读农业职业教育持何态度? 具体地说,他们想不想读? 为什么来读? 对毕业后职业去向有什么打算? 带着这些问题,笔者对江苏省部分农业职业院校的在校生进行了一次问卷调查。

(一) 调查对象的选择

本调查重在了解农业职业教育的个体需求情况,其对象局限在相关院校在校生身上,之所以如此,主要基于以下几点考虑:第一,这些学生已经做出了就学选择,此前此后,他们及其家庭对我们所要调查的问题有过深入的思考,在回答问卷时,比那些没有这方面感受的人判断更明确,更具有可信度;第二,家长在学生就读意向上影响力很大,我们理应在对学生调查时,进一步对这些学生的家长进行跟踪访谈,但是,这样做要耗费大量时间和金钱。我们只能通过对学生的访谈,间接了解其家长的思想动态。本调查采用匿名方式,学生在回答问题时，没有必要因可能产生不良影响而刻意歪曲或颠倒相关事实，因而，这种间接访谈得出来的结果应该是有效的；第三，有些问题看起来应该由即将做出入学选择的学生来回答，如想不想就读农业职业教育，而有些问题由已经就读的学生回答为好，比如将来的职业选择。这样一来，我们的调查范围会很广。受访的学生虽然已经入学，但他们的回答也能反映将要作出选择的人的思想倾向性。

为了使本调查具有代表性，我们对调查对象又做了一些规定。第一，考虑到农业职业院校的专业设置已经超出了农业的范围，而我们探讨的是农业人才培养的问题，所以，本调查范围进一步缩小到农业专业的在校生范围内；第二，本调查选择三所学校来进行，分别是江苏省农林职业技术学院、泰州畜牧兽医职业技术学院和淮阴生物工程职业技术学院。这三所学校分别位于江苏省的三个不同的地理和经济区域，其行政隶属关系是不一样的，前两所学校是省农林厅直属的学校，另外一所学校的财政和人事归当地政府管辖，省农林厅只负责业务指导；第三，调查对象包括不同学历层次的学生。农业职业教育既有中等职业教育，也有高等职业教育，同时，中等职业教育中还包括五年制高职中的中职部分，我们的调查对象把这几种教育类型的学生都包括了进来。

在本次调查中，共发放问卷 300 份，收回 296 份，剔除无效问卷后，共获得有效问卷 287 份。样本构成基本情况如表 3-6 所示。此外，为了更清晰地描述农业专业学生个人及其家庭的特征性事实，我们与非农专业学生做个对比。2009 年，江苏省职业教育学会做了一个调查，其中披露了非农专业职校生的一些个人信息，我们拿来做一对照。

表 3-6　问卷调查受访人员构成表

类别		人数	百分比/%
性别	男	137	47.7
	女	150	52.3
学历	中专	84	29.3
	大专	203	70.7
年级	一年级	113	39.4
	二年级	96	33.5
	三年级	78	27.1

资料来源:根据调查问卷受访对象数据整理而成。

(二)调查目的和问卷结构

本调查的目的是了解农业职业教育个体需求的基本状况,调查问卷所涉及的问题包括这样几个方面:农业职业院校学生的家庭背景、就读的原因、未来的职业取向、对学校教育的评价。问卷包括两大部分,第一部分是个人基本信息栏,这一部分列出了本研究认为需要了解的个人基本信息,如性别、出生年月、就读学校、专业、年级及学历层次等,供受访者填写;第二部分是选择项,这一部分将提供 22 个选择题,每个选择题下,列出了若干选项,受访者可按要求从中选出一个或多个选项。调查问卷结构如表 3-7 所示。

表 3-7　调查问卷结构表

主要内容分类	细目	题项
个人基本资料	性别、出生年月、学校、专业、年级、毕业时所获学历、是否独生子女、入学前参加农业劳动情况	个人基本信息栏、选择题6、9
家庭背景	家庭户口	选择题1
	父母职业和文化程度	选择题2~5
	家庭经济状况	选择题7、8

主要内容分类	细目	题项
就读意向	入学选择的最终决定者	选择题 10
	本人的意向	选择题 11
	父母的态度	选择题 13
	对入学选择的自我评价	选择题 12、14
职业取向	工作地点的选择及其原因	选择题 15、16
	务农的意向	选择题 17
	务农的方式和目标	选择题 18、19
	自主务农的难点	选择题 20
对学校教育的评价	是否对务农有帮助	选择题 21
	需要改进的地方	选择题 22

资料来源:根据问卷调查内容整理而成。

(三) 调查结果

1. 农业职业院校农科专业在校生个人及家庭特征

调查发现,农业职业院校农业专业学生中非独生子女比例较高,287 名受访者中独生子女有 143 人,非独生子女有 144 人,分别占受访者总数的 49.8% 和 50.2% 。而非农业专业学生中独生子女的比例为 71.1% ,非独生子女的比例为 28.9% ,具体数据如表 3-8 所示。

农业专业学生入学前,很少参加农业生产,但与非农科专业学生相比,参与程度要高。入学前,基本没干过农活的有 107 人,干得很少的有 102 人,在家经常干农活的有 78 人,分别占受访者总数的 37.3% ,35.5% 和 27.2% ,基本没干过或干得很少的比例达到 72.8% 。非农业专业学生经常参加农业生产的比例为 15.1% 。调查还发现,父母在外务工的,非独生子女的及农村户口的女性学生入学前经常参加农业劳动的比例高,但是,父母有一方从事种养业的学生经常参加农业劳动的比例却不高,达到 27.6% 。笔者与一部分学生进行了交谈,总的印象是,农村家庭普遍希望子女把精力用在学习上,将来考上个学校离开农村,对他们干农活持消极态度,让子女参加农业劳动的原因主要是家里人手不够。

表3-8 农业职业院校农科专业与非农科专业学生家庭状况比较表

%

比较项目	农科专业学生	非农科专业学生
独生子女	49.8	71.1
农村户口	76.3	65.8
经常参加农业劳动	27.2	15.1
父母高中及以下文化	96.4	89.0
父母务农、务工或干个体	82.9	77.9
家庭年收入低于4万元	64.5(85.7)	46.1

注:表中括号内的数字是农科中专生的家庭信息。
数据来源:根据问卷调查数据整理而成。

在农业专业学生中,农村户口的比例高,有219人,比重为76.3%;城镇户口的有68人,比重为23.7%,而在非农业专业学生中农村户口的比例为65.8%。农业专业学生的父母文化程度比较低,父亲文化程度为初中及初中以下的有153人,比例为53.4%,母亲文化程度在初中及初中以下的有220人,比例为76.7%。父母大部分务工、务农或干个体经营。父亲从事农村种养业的占全体受访者总数的比例为16%,务工的为42.9%,干个体经营的为24.7%,担任私营企业主的为2.4%,企业中、高层管理人员的为3.5%,当公务员或事业编制人员的为10.5%。母亲从事农村种养业的比例为32.1%,务工的为38.3%,干个体经营的为27.5%,当私营企业主的占0.4%,企业中、高层管理人员的占0.7%,公务员或事业编制人员的占1%。父母双方都从事农业种养业的比例为13.9%,从事种养业、务工或干个体经营的比例为82.9%。而非农业专业学生父

115

母从事种养业、务工或干个体经营的比重为 77.9%。非农专业学生父母的文化程度和社会地位比农业专业学生的高。

农业专业学生家庭年收入不高,其中中专生的家庭收入水平又低于农业专业学生家庭收入的平均水平,农业专业学生家庭年收入在 2 万元以下的比例为 64.5%,1 万元以下的为 34.2%,其中农业中专生家庭收入在 2 万元以下的为 85.7%,1 万元以下的为 57.1%。而非农业专业的职校生家庭收入在 2 万元以下的比例为 46.1%。非农专业的学生家庭经济状况好于农业专业的学生。

数据分析结果还表明,农村户口与城镇户口的农业专业学生也有特征性差别,与持有城镇户口的学生相比,持有农村户口的学生中不是独生子女的多,父母文化程度较低,主要以务农、打工或从事个体经营为生,家庭经济收入较低。

2. 农业专业在校生的就读意向

有 57.9% 的学生反映选择就读农业专业是由自己决定的,42.1% 的是由家长决定的,城镇户口的学生自主选择读农业专业的比例要高一些,达到 64.8%。

至于选择就读的原因及家长的态度,笔者提供的是多项选择题,每个受访者在回答时可以选择多个选项。在选择就读的各种原因中,认为录取分数不高,入学门槛低的比例最高,为74.6%;其次是其他好学校、好专业上不了,其比例为 64.1%;认为可以拿到大学文凭的比例为 53.3%;有 49.5% 学生把它归结为所就读的农业职业院校招生人员动员的结果;而 41.1% 的学生认为是入学前所在中学老师推荐,而自己碍于情面才选择的;有 46% 的学生认为是因为学费比较低才选择的;选择对农业专业感兴趣的学生比例最低,只有 14.6%。看来,大部分学生就读不是出于个人兴趣。具体数据如表 3-9 所示。

表 3-9　个人选择农科专业原因及所占比例一览表

原因	占比/%
该校招生人员动员	49.5
其他好学校、好专业上不了	64.1
学费比较低	46.0
中学老师推荐	41.1
对农科感兴趣	14.6
入学门槛低	74.6
可以拿到大学文凭	53.3

资料来源:根据问卷调查数据整理而成。

在中专生中认为学费比较低是做出这样选择的原因的比例达到 85.3%,高于受访者的平均水平。这主要是因为从 2009 年开始,国家对职业中专农业专业学生实行学费减免政策,不少享受这项政策的学生表示,自己学习不太好,虽然也能考上普通高中,但是将来能不能考上大学还是未知数,家里条件不好,不如读个不花钱的学校,早点出来工作,减轻家里负担。调查还发现,非独生子女的农村女性学生选择学费比较低的比例高。笔者与这些学生进行了交流,发现他们大部分是家在江苏省北部农村,父母违反计划生育政策超生,自己是老大,后面还有弟弟妹妹,本可读更好的学校,但父母经济负担重,想把钱省下来给弟弟妹妹上学。

城镇户口的学生选择对农业专业感兴趣的比例为 54.4%,远高于受访者的平均水平。笔者本以为农村孩子对农业知识和技能的学习兴趣高于城里的学生,这个结果与先前的预想有所不同。在调查过程中,笔者与部分来自城市的学生进行了交流,发现他们喜爱与动植物打交道。一个来自南部发达地区的学生在淮阴生物工程高等职业学校就读畜牧专业,父母都在公司里上班,家里年收入在 10 万元以上。他说:

他从小喜爱看与羊有关的动画片,对养羊感兴趣,自己住在城里,每天要上学,没有时间干这件事,只好让住在乡下的爷爷养了六只,放假时自己到乡下把羊牵到田垄上吃草,感觉到这是很幸福的事。由于文化成绩不太好,初中毕业时,不想念普通高中,想学畜牧专业,正好有个亲戚在这里当老师,就被介绍到这里来上学。

家长对子女就读农业职业院校农业专业的态度与学生选报这些专业的原因具有很强的拟合性。认为孩子成绩不好,只能将就读这个专业的比例最高,达到73.2%,认为孩子有兴趣就好的比例最低,只有4.9%。具体如表3-10所示。

表3-10　家长对子女就读农职院校农科专业的态度及所占比例一览表

态度	占比/%
读什么不重要,关键是能拿个文凭	57.8
孩子成绩不好,只能将就读这个	73.2
学费比较低,合算	65.9
将来能混到个饭碗	50.2
自己拿不定主意,听人说不错	56.8
孩子有兴趣就好	4.9
有学上总比没学上好	47.0

资料来源:根据问卷调查数据整理而成。

有74.6%的受访者表示,自己选择农业专业不后悔,25.4%的觉得后悔,高年级的学生表示后悔的比例高,一年级的表示后悔的受访者占该年级受访者总数的17.7%,二年级的比例是30.1%,三年级是30.8%。笔者原以为,刚入学不久的新生表示后悔的比例要高,而高年级的比例相对要低,新生可能在入学前对未来就读学校和专业的印象停留在招生宣传上,入学后有心理落差,入学时间长了,也就逐步适应新的环境了,但是,调查结果与当初的预想正好相反。就这个问题,我与一部分学

生进行了交谈。学生的反应是:

> 刚学时,觉得一切都很新鲜,学习也不像中学时那么紧张,所以没有感觉到后悔不后悔的,进入高年级了,开始思考将来的就业问题了,觉得学校学的东西都是书本上的,枯燥得很,很少有实习锻炼的机会,担心学的东西将来派不上用场,不如早点到社会上就业。有88.5%的学生表示上农业职业院校农业专业并不觉得矮人一等,只有11.5%的学生觉得矮人一等。大部分受访者表示,不管学什么,将来都能出人头地,谈不上谁比谁高人一等。

从上面的分析中不难看出,学生及其家庭选择就读农业职业院校农科专业带有很强的功利性,主要原因不在于对从事农业的兴趣,而是因为入学门槛低,能拿张文凭,学费低,当然农业职业院校的招生宣传也是原因之一;与农村学生相比,来自城镇的学生对农业的兴趣反而更高;学生担心长时间在学校接受书本知识的教育不利于自身职业成长;大部分受访者对就读农业职业院校农业专业并未感到社会歧视。

3. 对工作地点的选择意向

调查数据表明,大部分学生不愿意毕业后到农村去就业。回答不想到农村去就业的受访者占全体受访者总数的64.5%,而回答想到农村去的只占8.3%。城镇户口的学生愿意到农村去的比例高于农村户口的学生,前者为26.5%,后者只有2.7%,这两者不愿意到农村就业的比例分别为55.9%和67.2%,农村学生更不愿意回到农村去。具体数据如表3-11所示。

表 3-11　对是否想去农村就业不同回答受访者所占比例

%

态度	想去	不想去	没想好
总体比例	8.3	64.5	27.2
农村学生	2.7	67.2	30.1
城镇学生	26.5	55.9	17.6

资料来源:根据问卷调查数据整理而成。

　　不想到农村去就业的学生列出了各种理由,具体比例如表 3-12 所示。家里人反对是被列举次数最多的,占到受访者总数的76%,被提到的次数比较多的还有在农村好工作难找、农村没有发展前途、生活枯燥和难找对象,被人瞧不起和农村生活不如城里方便并没有被大多数学生视做主要原因。

表 3-12　对不想到农村去的原因的不同回答及所占比例

原因	难找对象	被人嘲笑	家人反对	难找好工作	没前途	不方便	生活枯燥
占比/%	39	13	76	66	60	18	56

资料来源:根据问卷调查数据整理而成。

　　在交流中,学生们普遍反映:

　　　　这几年国家搞新农村建设,农村生活设施已经很完善,自来水、液化气都用上了,住在农村并没有太多不方便;学生们普遍反映,只要能挣到钱,在哪儿工作无所谓;他们认为,乡镇机关难进,乡镇企业不景气,经营好的企业搬到开发区去了,农村没好工作,光靠种田发不了财;他们觉得农村生活枯燥,年轻人都跑到城里打工了,乡下大部分是老年人,想找个说话的人都难,更不要说谈对象了。

　　4. 从事农业的意向

　　调查发现,在受访者中,不想从事农业的比例明显高于想从事农业的比例,但是,与不想到农村去的比例相比要低,如表3-13所示。在与同学们的交流中,我发现他们眼中的农业是大农业的概念。他们认为:

干农业并不一定非到农村去,现代农业不仅仅指种养业,而是农工贸一体化。他们普遍反映,这些观念是所在农业职业院校老师在课堂上给他们灌输的。

表3-13　对是否想干农业的不同回答及占受访者总数的比例

是否想从事农业	想	不想	没想好
比例/%	30	44	26

资料来源:根据问卷调查数据整理而成。

在毕业后想从事农业的学生中,倾向于到农业企业工作或自主创业的比例比较高,这两者相比,又以到农业企业去工作的比例高,而选择到农业合作社、农技推广部门工作和当乡村干部的比例明显偏低,具体如表3-14所示。笔者当初设想,农技推广部门和乡村干部收入稳定,工作强度小,被选择的概率要高,但调查结果并非如此。受访学生反映,农技部门和乡村机构编制紧张,没有关系是进不去的,所以趁早不做这样的打算。至于为何想去专业合作社的人少,同学们的意见是:

不少合作社其实就是种养大户私人办的,到那里就业等于打工,用工制度很不规范。与合作社相比,农业企业用工比较规范,有正常的休假和工资制度,经营规模要大,工作也相对稳定一些。

表3-14　对务农渠道选择的不同回答及所占比例

就业渠道	农业企业	合作社	农技推广	乡村干部	自主创业
比例/%	42	8	12	4	34

资料来源:根据问卷调查数据整理而成。

另外一个让笔者意外的是选择自主创业的比例很高。笔者与有这种想法的同学做了深入交谈,他们认为,自己单干自由,钱也不少挣,有个同学说,他有个亲戚卖农药、化肥,赚了不少钱。

那些愿意在农业领域自主创业的学生对以什么形式自主创业做出了各种回答,归纳起来有一个鲜明的特征,即想当种养大户的少,而想从事农资销售、农产品加工等第二、三产业的多。现在种养大户收入很高,为什么大部分同学不想当种养大户?对此,那些不愿意做种养大户的,但愿意自主创业的学生给出了种种答案。笔者按照各种选项被提及的人次的多寡做了一个排序,排第一位的是风险大,其次是农地流转困难,再次是缺资金和经验不足,排在最后几位的是太辛苦、收入低和没兴趣。看来,农业经营的难度大是想自主创业的学生不愿意涉足种养业的主要原因。具体如表3-15所示。

表 3-15 对以何种形式自主创业的不同回答及所占比例

创业形式	家庭经营	农技服务	农产品加工运销	农资销售
占比/%	6	36	26	32

资料来源:根据问卷调查数据整理而成。

谈到农业经营难度大,一个同学的看法颇具代表性。这个同学家在江苏省北部农村,父母2005年承包了一百多亩地种棉花,土地承租合同是与村委会签的,每亩地一年租金为150元,协议有效期为10年,前两年棉花价格下跌,没赚着什么钱。去年村民嫌租金低,鼓动村里把地收了回去。现在,父母不种地,到上海打工去了。她觉得种养业市场风险大,收入没保证。不想从事家庭经营的原因及占比如表3-16所示。

表 3-16　对不想从事家庭经营的不同回答及所占比例

原因	没兴趣	缺经验	缺资金	农地流转难	风险大	辛苦	收入低	想进城
占比/%	3	14	17	23	16	8	6	22

资料来源:根据问卷调查数据整理而成。

笔者问:现在好多人种田发了财,你是上过学的,有知识和技能,不是有用武之地了吗? 她说:

> 现在农产品价格跟股票似的,上蹿下跳,价格涨了,大头被中间商拿去了,农民手上的周转资金很少,也没储藏设施,种的东西一收获,就得赶紧卖,赚的主要是辛苦钱。但是,价格一跌,就卖不出去了,买农药、化肥、种子样样要钱,只得向商家赊欠。现在,种哪样东西赚钱,心里没谱儿。

5. 对学校教育的评价

当问及在学校所学的东西对今后从事农业有无帮助时,在全部受访者中,有 58.5% 的人认为帮助不大,12.5% 的人认为没有帮助,而认为帮助很大的人只占 19.5%,回答不知道的人有 9.5%。认为帮助不大或没有帮助的人明显多于认为有帮助的人。具体如表 3-17 所示。

表 3-17　农职院校学生对所学内容对务农实用性的评价

原因	帮助很大	帮助不大	没有帮助	不知道
占比/%	19.5	58.5	12.5	9.5

资料来源:根据问卷调查资料整理而成。

在认为帮助不大或没有帮助的人中,有 76.6% 的人提到学校安排的实践课太少,55.9% 的人认为没有独立实践机会,认为所学课程理论脱离实际的比例达到 28.5%,而认为老师讲课水平差的人不多,只占 9%。具体如表 3-18 所示。

表 3-18　农职院校学生对教学评价情况一览表

评价	理论	脱离实际	实践课少	老师水平不高
占比/%	28.5	76.6	5.9	9

资料来源:根据问卷调查数据整理而成,本题为多选。

一个上大专二年级的学生反映:

> 学校安排的理论课太多,2 年的学习时间基本上是在课堂上完成的,很少做实验,更不要谈到田间地头去实地体验了,到目前为止,只到试验田里去过一次。

这位学生学的是农资连锁专业,这是该校农艺系新开的专业,主要培养从事农资流通领域的专门人才。这位同学说:

> 照道理,他们这个专业应该多开一些实践课。推销农药,首先要有植物保护方面的经验,连虫情都观察不出来,农民怎么相信你,而这少不了生产现场的长期历练。现在,学校的试验田离得远,去一次不方便,一般都是坐车子去。那次去,同学们都很兴奋,但是,见习的时间太短了,大部分时间花在路上。那次见习的内容是葡萄根癌病防治,老师演示了用氯酸溶液浸沾枝条和根系,有两个同学上去示范了一下,其他同学则没有机会动手操作,要是我们能够对葡萄生长期病虫害发生规律做跟踪观察该多好呀。但是,老师说,那样的话就要把学校搬到试验田来。

这位同学担心他们的出路问题。他说:招生时学校许诺,他们这届学生是给某农药企业定向培养的,不用担心就业问题,现在听说没那回事儿。企业都是要去了就能干的实用人才,像我们这样缺乏实践经验的人,将来找工作会很难。

综上所述,我们不难发现,学生和家长对农业职业教育的需求是消极的,已经就读的,大部分是无奈之下的选择,好学校上不了,只能做这样的次优选择;这样的选择主要不是出于对农业知识、技能的热爱,而是带有很强的功利因素,以此弄张文凭,将来找更好的工作;学生们对到农村工作和从事农业,特别是种养业意愿不强,与城镇户口的学生相比,农村户口的学生更向往城市生活,更愿意到非农产业工作;学生们对农业职业院校所提供的教育服务满意度不高,普遍认为重理论,轻实践,不利于培养实际工作能力。

二、教育供给

改革开放后,我国职业教育经历了由计划体制向市场体制的转变,在新的体制下,农业职业院校过分强调办学效益,教育市场竞争激烈,这些进一步推动农业职业教育向"非农化"方向发展。

(一)办学体制

我国农业职业教育办学体制由计划体制向市场体制的转变是在经历多次职业教育体制改革后逐步完成的。

1. 20 世纪 80 年代:计划外招生试行

在计划体制下,学生"统招统分",招生计划、专业设置、资金使用等均由行政指令,学校是没有自主权的。20 世纪 80 年代初,出现了计划外招生,这一改革最初是在农业职业教育上推开的。四川温江农校在恢复招生不久,就尝试设立"不包分配"班,招收计划外学生,即不占招生计划指标、不带干部身份、不包分配去向的学生。1983 年,农业部科教司组织召开了温江会议,在全国推广其经验。之后,各个省纷纷效仿,尝试招收计划外生源。从文献上看,温江试点搞得很成功,学生和家长反应热烈,由于报考的人多,以至于最后录取时,竞争很激烈。农业部官员认为这归因于农民学习农业技术的热情,但江苏省一位长期搞农业科教工作的同志私下说,当时升学路子窄是主要原因,计划内招生指标少,升学竞争激烈,上"不包分配"中专班给大

125

批升学无望者拿文凭开辟了新路子。

促成这一改革的直接原因是计划体制的内在矛盾。逐年接收农校学生，使得农业部门编制膨胀，组织部门每年都要费很大努力，才能把这些"统招统分"的学生安置下去。在制定招生计划时，农业科教主管部门试图增加招生名额的努力遇到了很大阻力。1985年之后，国家推行"分灶吃饭"的财政体制，各个行政部门财政经费包干，农林部门财源不丰，基层农林部门宁愿编制闲着，也不愿多要人。农校要增加招生，首先要在体制上做文章，破除"统招统分"的束缚，可谓应时之举。

江苏省在推广温江经验时，结合本身的实际，探索出了一些新办法。比如，指标分解和单独招考。过去，农校一律按中考成绩录取学生，由于北部中考成绩比南部高，农校招收的学生来自北部地区居多。为照顾人才需求量大的南部地区，省里把一部分入学指标分解到各个市县，由省农林部门另外组织考试，然后分地区招生录取。

招生分配制度的改革使学校获得了一定的自主权。江苏省乡镇企业发达，出于搞活地方经济的需要，农校在专业设置上获得了一定的自主权。这一时期，江苏省的农校陆续增加了文秘、乡镇企业管理等专业。但是，这种自主权是不充分的，专业设置仍必须事先征得主管部门的许可。

这一时期的变革主要是政府推动的，学校本身并没有很大的动力。学校在财务上并没有取得多大的自主权，教师工资是由财政拨下来的，学校的日常运营和建设经费是由上级主管部门按具体用项核定下拨，学校本身没有多大的支配空间。学校还不具备市场主体的行为能力，改进办学的行为更多的是按上级主管部门的授意来进行，而学校本身缺乏主动性。当时，中等农业教育界有一句口号，"长流水不断"，即虽然招生规模小，但只要能完成招生计划，就能维持学校的运转。这个口号透露出了一种"安于现状,不思变"的心理。所以,当时的改革虽然在某些点上有所突破,但对农业职业教育整体结构并没有带来根本性的变化。

2. 20世纪90年代前期:教育市场化萌动

20世纪90年代初,在职业教育领域,市场化办学体制改革全面铺开。有人把新的体制概括为"教育产业化",即赋予学校以充分的自主权,使其以市场主体的身份,按照经济规律来办学。此举意在引入市场机制,通过微观主体——学校之间的竞争,来提高办学质量,规范政府行为。在新的体制下,政府不能直接干预学校办学,而是以经济的手段加以调控,如通过财政资金的分配,引导学校办学。

1992年,我国明确了社会主义市场经济的改革方向。1993年2月13日,中共中央、国务院印发《中国教育改革和发展纲要》。其中谈到,扩大高等学校办学自主权、按照政事分开的原则,调整政府与学校关系,改进政府调控方式及改革高等学校毕业生"统包统分"和"包当干部"的就业制度等问题。这一文件虽然讲的是高等教育的办学问题,实际上也包括了中专教育。《中等农业教育》是面向农业中专的期刊,从其登载的内容,不难看出农校的办学动向。1993年,《中等农业教育》开辟专栏讨论如何建立与社会主义市场经济相适应的办学体制,并且连续几期介绍各地所取得的成功经验。其中句容农校介绍的是该校园艺系发展草皮生产取得了良好的经营业绩,并把这个经验上升到"学科产业化"的理论高度。这些文章透露出的信息是,农校办学要讲成本核算和经济效益。

经过改革,中等农校自主权扩大,突出的一点是,有了财务自主权,可以多渠道筹措资金,如办校办产业,开各类培训班,且对创收资金有自由支配权。当时,教师工资是由财政核定的,比较低,财政外创收成为改善教师福利的重要途径。大中专学生上学缴费的试点工作在江苏省农业中专并未展开,办学经费仍然延续财政"包下来"的做法。农校毕业生的出路更加艰难,农校生源减少,政府主管部门逐步下放专业设置权,以便于中等农校开设受市场欢迎的新专业,吸引生源。1995 年,在全国中等农校工作会议上,农业部科教司主管领导提出了"赋予传统的农业以新的内涵",专业设置"一是要突出大农业特色……二是不要为农所限制"的政策思路。在政策宽松的背景下,农业职业教育的专业门类越来越多,范围越来越广。1985 年,中等农校只有 30 多个专业,到 1995 年,已经增加到 120 个。大量与农业关系不大的专业也列在了农校招生计划中。不过,政府并没有放弃控制权,专业设置仍然要得到主管部门的审批。

中等农校不宜升格的限制开始松动。1993 年,农业部教育司要求各省(区、市)农业部门就发展农业高等职业技术教育开展调查研究,探讨试办农业高职的必要性和可行性。《中等农业教育》公布的一份报告列举了中等农校办大专的种种必要性:一是农技人员学历层次偏低,有深造的要求;二是在校学生为拿到高层次文凭,外流到其他学校上夜大或函授班,影响了正常的办学秩序。该报告认为,中等农校办大专比大专院校办花钱少。这份报告的立意是为振兴农村经济输送人才,但是,其中对中等农校的学生追求高学历的动机,以及如何引导他们到农业中去只字未提。1998 年江苏省教委、计经委、财政厅、人事厅、物价局联合印发《关于我省重点中专校举办五年制专业班有关问题意见的通知》,决定在部分省级以上重点中专校培养社会急需的高层次人才。当年该省有 26 所中专校试办五年制高职班,其中包括三所农业中专校。

一些地处偏远农村的中等农校,在创收和招生上处于不利地位,教师收入受到影响,因而,学校萌发了迁校的念头。它们要求政府主管部门提供帮助,有些学校教师上访,给政府施加压力。

20 世纪 90 年代,中等农校有了一定的市场意识,存在着求变的动力,但是,仍存在抵触和观望心理。"不包分配"的改革首先是在中等农校试点的,当这一改革在大中专院校全面铺开的时候,中等农校仍保留着计划指标,江苏省不惜把指标分到各个县,动员各个县接受农校毕业生。

3. 20 世纪 90 年代中期之后:市场化办学全面铺开

1994 年,国家教委改革教育收费制度,提出:"义务教育阶段不收学费,非义务教育阶段按培养成本收取一定比例费用。"随后,国家明确中专招生和毕业生就业制度改革的方向,即学生缴费上学,毕业生面向市场,自主择业,全面推进中专生并轨改革。国家教委与国家计委联合下文,提出"1998 年大部分省市实行招生并轨,2000 年全国基本实现中专招生并轨"的工作目标。1996 年国家教委、国家计委、财政部联合制定《普通高级中学(中等职业学校)(高等学校)收费管理暂行办法》,并且提出了并轨的具体方案,即以改革方案落实时间划断,新入学的学生适用新的招生就业制度,已入学的学生仍然按原来的制度对待,即所谓"新人新办法,老人老办法"。

根据国家教委、国家计委《关于普通中等专业学校招生并轨改革的意见》,江苏省决定从 1998 年起在省内的部委属、市属普通中专学校同步实行招生并轨。4 月,省教委等部门联合发布《关于普通中等专业学校招生并轨改革的通知》,在推进普通中专招生并轨的同时,省教委加快中专毕业生就业制度改革,对并轨前招收的学生采取逐步过渡、分步改革的办法;对并轨后招收的学生按新的就业制度就业,力争用 3 至 4 年时间完成改革目标。江苏省 8 所农校直到 2000 年,也就是招生就业并轨改革完成的最后期限前,才放弃计划招生体制。

在招生就业制度改革的同时,国家不断扩大学校的办学自主权。强化校长的法人地位,中专以上职业学校实行校长负责制,将财政拨款与学校的办学业绩挂钩,允许学校按自身的办学质量、声誉及学科专业的社会需求情况,在一定的幅度内自行确定收费标准;扩大学校财务自主权,改变原有的资金使用由上级主管部门按使用方向逐项审批的制度,而是由学校根据自身财力和实际需要自主决定使用方向。

1999 年 6 月,全国教育工作会议召开。在这次会议上,"教育产业化"得到响应,并且被提到了扩大内需的战略高度。根据会议精神,要加大整个非义务教育阶段缴费上学的力度,合理配置教育资源,各地、各部门将一些规模小、条件差、布局不合理的学校适当撤并,扩大校均在校生规模,提高办学效益。教育部的一位负责人提出,"可考虑在下个世纪的前 10 年,将此阶段上学缴费的力度由目前占经常性教育成本的 20% 左右扩大到50% 至 60% 左右"。此后大学和普通高中进入大规模扩招阶段。

在新的形势下,农业职业教育出现了生存危机。对农业中专而言,过去那种向上级行政主管部门要钱、要政策的办学思路行不通了,必须要加入到争抢生源的竞争中去,扩大招生规模。县级教育主管部门从提高办学效益出发,对农村职业中学进行撤并,江苏省县及县以下职业中学逐步合并为职业技术教育中心,农业职业中学大部分被淘汰。

(二) 办学行为

在新的办学体制下,学校办学行为有何特征? 带着这个问题,笔者对一位熟知内情的农业职业院校教师进行了访谈,访谈的主要内容有这样几个方面。

问:为什么 20 世纪 90 年代后学校要极力提高办学层次?

答:"文革"后刚复校的时候,我们与江苏农学院合办过两届大专班。后来就中断了,一是上面有限制,低层次学校不得举办高层次教育;二是,当时也没有那么大压力。到了90年代,情况就不同了,国家把学校推向市场,学校自己得要找饭吃。在当时的情况下,要把饭吃好,只有提高办学层次,否则就会走进死胡同。

首先,农技人员培训市场打不开。我们是农业学校,农业技术人员培训向来是在我们这边搞的,这一块收入在学校经营上占很大比例。基层农技人员不少是80年代的农校学生,当时拿的中专文凭,随着高层次学历人才的增多,中专文凭不吃香了,他们有重新回学校深造的要求,如果我们仍然停留在低层次教育上,这一块市场就会白白流失。

其次,大学扩招给我们带来了很大的生源压力。家长都希望子女能上大学,社会上出现了"普高热",高考录取比例大了,学习成绩稍微好一点的都去上普通高中了,中专一下子就不吃香了。更何况我们是带"农"的学校,家长更不愿意把子女往这边送,学校招生陷入了困境。后来,想办法到省里争取到了大专招生指标,采用联合办学的方式,终于把大专班办起来了。我们在报纸上打的广告是"初中毕业生也能读大专"。这样靠"戴帽子"办大专,才勉强维持住了招生局面。

真正把局面打开的是,学校升格为高等院校。"戴帽子"毕竟不是长久之计,普通高中一扩招,中等教育市场竞争加剧,大家都在抢生源,中专学校招生面对的竞争对手主要是普通高中,优秀的学生大部分被它们录走了,剩下的生源质量差得很。更何况有的县(市、区)教育部门,出于地方保护,对我们招生设置障碍,毕竟我们不归县里管的。一旦我们跳入普通高校行列,就获得了高招资格,学生录取的面广了,限制少了。现在,我们不仅在省内招生,还把招生范围扩大到全国。

再次，层次不同，收费标准不一样。中专教育，一年学费 2 000 多块钱，即便是"戴帽子"的大专班，学费也只得 3 000 多，这当中还要分给联办方一部分，但是，一旦升了格，同样是大专教育，国家定的学费标准是 4 000 块。无论是办什么样层次的教育，成本都差不多，但是收入却大不相同。我们也保留了一部分中专招生指标。在中专招生上，办中专也比没有升格的学校有优势，收费标准就比它们定得高。

1999 年到 2001 年的三年间是我们学校最困难的时期。大学扩招使我们的招生工作陷入困境，学校发动老师下去蹲点，介绍学生过来入学，有的老师甚至做亲戚朋友的工作，希望他们把子女送过来读书，受尽了别人的白眼。但是，没办法，学校要生存，老师要吃饭。所以，当时，学校的中心工作就是忙升格。2002 年，学校终于通过了上级的考核，跨入了高等教育的行列。学校招生的局面打开了，2001 年，学校在校生只有 3 000 多人，但是到了 2003 年，我们招生人数就达到这个数了。毕竟学校生源问题不解决，是要喝"西北风"的。

招生改革和大学扩招使学校面临生源压力，财政资金是跟着招生规模走的，只有跳出中专、加入到高等院校招生行列，学校才能扩大办学规模，筹集到更多的办学经费，从中可以体会到在市场化办学体制下，农业中专忙升格不是为了更好地培养农业生产一线所需人才，而是市场环境使然。

问：为什么学校要扩大专业覆盖面？

答：90 年代，我们学校发展不快，一个重要的原因，就是困在"农"字上。随着招生就业制度的改革，这条路走不通了。学生上学就是图能找个好工作，有几个真正想去当农民的。农业技术部门进不去了,但是,非农部门就业的空间还是很大的。80年代时,我们针对江苏省南部地区乡镇企业多的特点,开设了文秘、企业管理等专业,效果不错。但是,总的来讲,专业面还是不宽,手脚没有放开。后来,我们提出了为"大农业"服务的口号,这才把路子打开了。"大农业"包罗万象,科、工、贸全在里面。现在,哪个专业报考的人多,我们就上哪个专业。一句话,就是要把学生招进来。

在市场体制下,供给要围绕需求转,学生不愿意学农,要扩大生源,只能增加与种养业无关的专业,农职业院校在专业设置上"非农化"乃是适应个体需求之举,毕竟办学效益是根本。

问:农业职业院校是为培养职业农民服务的,发展非农专业不是和办学宗旨冲突了吗?

答:说起来是这样,但是,实际做起来很难。现在是市场化办学,上面考核办学效益,主要是按招生规模来的,招的学生越多,给的钱越多。培养职业农民可以说是"吃力不讨好"。以前,农业部曾经在嘉兴农校试办过家庭经营专业,但是没搞两届,后来就没声音了。办这种专业,成本高,得要有试验田,还要配备技术人员,招的学生还不能多,经济上很不合算。而同样办财会、市场营销专业,只要上上课就行了,多招几个学生也能应付,学生也愿意上。我们省经济发达,第二、三产业的人才需求量大,为什么放着这么大的市场不做,非要把自己困死呢?

显然,什么专业该办,什么专业不该办,学校更多的是从办学效益考虑,办农业专业在经济上不合算,所以就缩小其办学规模。虽然与宗旨不符,但效益毕竟是根本。

问:那学校为什么还要打着"服务农业"的旗号呢?

答:农业毕竟是国民经济的基础产业。现在,上上下下都在谈如何重视农业,我们也是农业的一部分,顶着农业的名头,向上面要政策时好开口。国家对农业类的学校发放的财政资金,要比一般学校多,所以,我们的专业设置要尽量往"农"上靠。现在,我们是两条腿走路,靠保持农业专业特色向上面要钱,靠面向第二、三产业要效益。

看来,学校不放弃"农"字,重在迎合政策的需要,以争取到更多财政资金,所办专业虽然挂着"农"字,但并非真正为农业培养人才,其办学带有很强的趋利性。

问:我看到有些专业,如模具设计,你们没有办学基础,为什么还要上呢?

答:这些新专业社会需求量大,学生愿意上,工作好安排。各个学校都抢着开,我们不开,别人也要开。有没有办学基础不要紧,关键是把学生先招过来再说,毕竟学校是靠学生吃饭的。现在,我们思想也解放了,在专业设置上,不能有禁区,摊子铺大点没坏处,什么专业都得有,东边不亮西边亮,不管社会流行什么,只要我这儿有的,就不愁没人来上。所以,我们是有条件的专业要上,没条件的也要先搞起来,以后再说。国家毕竟把权力下放了,我们得把政策用足。

可见,学校不是从为社会培养人才的角度来设置专业,而是为了追求效益,不惜放弃办学质量,在学科建设上带有很强的功利性和随意性。

问:过去农校一般布局在乡下,现在为什么都往城市集中?

答:之所以如此,有三个方面的原因:一是有利于招生。学生都愿意往城市跑,特别是农村的孩子,这种愿望更强烈。毕竟挨着城市,找工作方便。我们也要跟着学生的需求跑,不然哪里能招到这么多学生? 二是有利于搞好校办产业。除了学历教育外,社会教育也是学校的重要的收入来源。城市生活便捷,交通方便,可以办各类培训班。再说,这几年城市地价上涨很快,城里和乡下土地资产差别很大。虽说资产是国家的,但是经营的收益归学校。在城市,学校光门面房出租每年就有很大一笔收入。三是有利于改善教职员工的生活。教师哪有愿意跑到乡下去教书的,不仅误了自己,也误了子女,现在,好的中小学都在城市。学校办在乡下,招聘老师很难,这直接影响到学校的师资力量。

从这段话中可看出,农职业院校向城市集中除需求拉动外,还与供给方的推动有关。学生要进城,不愿意回到农村和农业上就业,学校为了提高办学效益,扩大生源,办产业,好增加收入。

问:那你们学校为什么没动?

答:我们虽然在县级市,但是也有很大的地利,一是在经济发达地区,北部的学生愿意考到这边来;二是靠近省城,只有50多公里距离,在招生简章上我们把学校的地址写的是省城东郊,这对生源有很大的吸引力;靠近省城还有一个好处是离省农林厅近,主管领导过来方便,省里把很多培训班都放在我们这里办,要钱、要项目也容易;三是有很大发展空间。地方上对我们很重视,毕竟在县级市能有一个上万人的高校很不简单,这对地方经济有很大的带动作用。在省里的支持下,县里给我们安排了不少地皮,学校的发展空间打开了。

不难看出,学校的布局受主管部门和地方政府的影响,学校迎合政策制定者的个人偏好,进行公关活动,以谋取自身经济利益。

问:学校试验田为什么搞那么远?这样办学不是不方便了吗?

答:学校这样做也是没办法。过去只有千把多个学生,现在在校生超过了一万三千人。人多了就要安排更多的教学楼、宿舍。本来只有六百多亩地,一半是农场,一半是教学、生活区。2000年前后,学校为了扩招,只得把农场的地腾出来。

从土地的经营效益出发,在市区附近搞试验田不划算。能有更好的用处,为什么不用呢?比如,开个培训中心之类的。现在,上上下下都在搞土地经营,学校也要有这样的头脑。这两年,搞了很多基建,问银行借了不少钱,这些钱终归要还的,我们把土地资源盘活了,就能改善学校的财务状况。现在,学校建了不少大楼,比以前气派得多,像老农校那样搞得土里土气的,怎么能把学生招过来呢?现在,招生规模大了,学校与地方上协调,另外买了一大片荒地,搞起了农业产业园。说是试验田,实际上是做给领导看的,上面一来人,就把他们往那儿领,介绍说是我们的实践教学成果,领导看了一高兴,就会以各种名目拨不少钱。

该校的试验农场离学校有近20公里路,原来是一块荒坡地。在公路边有显目的标牌,上书"实习基地"等字样。里面的道路修得很好,看出来投资不小。山坡上,有一大片松树林,古木森森。在这片树林中,建有一座四星级宾馆,门口有警卫,没有预约,一般人进不去。据警卫讲,里面吃喝玩乐啥都有。从导游图上看,里面除了住宿、吃饭外,还有垂钓、赛马等休闲活动。在坡下地势平缓的地方,有葡萄园、草莓种植园,还有稻田。园里的瓜果长势很好,果园上还罩上了网,据说是防鸟偷食果子。

我在调查期间,正值学校举办全国农业职业教育技能大赛。路上不时有小轿车从身边穿过,路边果园的入口有人正在安放诸如"××实训基地"等牌子,每走几步,就能看到这样的牌子,不免让人感到一种学校重视实践教学的气氛。经打听,这些做牌子的人正是从这个学校毕业不久的学生,还是学农业专业的,现在自谋出路,开了家标牌店。据说,这里的果园平时由专人管护,这些人都是学校从外面聘的临时工。学生偶尔过来见习。听管护人员讲,有学园艺的学生提出要在这里常住,但因路远,上课不方便只得作罢。看来,这里与其说是为学生准备的,莫如说是做给领导看的。

由此可见,在市场体制下,农业职业院校提高办学层次,扩大专业覆盖面,向城市集中,不是出于培养农业人才的考虑,而是为了谋求经济效益,在个体需求的推动下,其办学行为脱离了为农业服务的宗旨。

三、政府行为

整体层面是观念上的东西,农业职业教育结构是微观主体行为合力的结果。国家是社会利益的"代言人",其对农业职业教育结构的调控不是在整体层面进行了,而是在微观层面,对农业职业教育供需双方的行为和关系进行调整。

政府政策的偏差也是农业职业教育结构扭曲的原因之一。从江苏省的情况来看,政府对农业劳动力及其培养问题没有予以足够的重视,把农业职业教育局限于就业前的技能培训上,而不是从农业职业人成长的全过程加以通盘考虑,缺乏对青少年农业职业观念的培养,财政只重投入,不重效果。

(一) 理念

改变农业和农村面貌,离不开高素质的劳动力。这一点,政府虽然意识到了,但对其认识还不到位。

中央对农业劳动力问题是有一些认识的。20世纪80年代初，国家曾经号召过向农村输送优秀人才。1983年的中央1号文件指出，"必须抓紧改革农村教育。要积极普及初等义务教育，扫除青壮年文盲，有步骤地增加农业中学和其他职业中学的比重。面向农村的高等院校和中等农业学校，要有一套新的招生和毕业生分配办法，打开人才通向农村的路子。"该文件还建议，"居住在城市的知识分子自愿到农村和边远地区服务的，即使是短期工作，也应予以鼓励。"江泽民总书记也从促进农业增长方式转变的高度，论述了提高农业劳动力素质的必要性和主要途径。他在1996年6月视察河南农业和农村工作时指出，"农业发展也要靠两个转变"。他强调，"农业增长方式的转变最重要的一环，就是要狠抓科教兴农，把农业发展转到依靠科技进步和提高农民素质的轨道上来，努力提高科技在农业增产中的贡献份额"。他要求"从改革农村教育结构入手，多办一些初等、中等职业技术学校，为农村培养大量急需的初中等技术人才和经营管理人才，并加强对农民的实用技术培训"。

但上述主张并没有很好地落实。大量的政策文件谈论的是农民增收问题，把农民增收的希望寄托在非农收入增长上，认为有必要拓宽农民在第二、三产业上的就业渠道，以此来扩大他们的收入来源。在政策层面上，关注培训农村劳动力，促进其向第二、三产业转移甚过关注培养农业劳动力。不少政策文件把农业职业教育与农村职业教育和农民教育画上了的等号。在实地调查过程中，江苏省农林厅的一位领导坚持认为，目前促进农村劳动力向非农领域转移仍然是工作重点，谈论向农业引入高素质人才还为时过早。在他看来，劳动力过剩仍然是该省农业现代化的主要障碍。

翻开国家统计局的公开资料，很难看到有关农业劳动力的数据，所看到的大多是粮食产量、农业机械化、农业生产结构等方面的信息，即便是涉及劳动力的部分，也不外乎是农村劳动力和外出务工人员的状况。到底农村劳动力有多少在从事农业经营？其中又有多少种养大户？他们的年龄结构、文化程度又如何？从中央到地方，很少有权威资料给予明确的答复。我在调查期间，曾经与江苏省农林部门相关人员做过交流，我问他们目前对该省农业劳动力状况是否做过调查，他说，没有。当我提及一些学者，比如王广忠率领的课题组于2000年在该省部分地区做过抽样调查时，他表示，这是个人行为，省里相关部门没有做这项工作。他对目前农业劳动力状况有一点担忧，也想搞一次摸底调查，但是，省里领导不重视，财政上也不支持，一直组织不起来人做这项工作。

不少地方的政府官员在论述农业问题时，往往大谈如何建立现代农业，不过在他们的话语中，农业现代化就是扩大土地耕种面积，加快农业科技推广，提高农业机械化水平，增加农民收入，等等。而很少有论及提升农业从业者素质的。江苏省的一位农业官员认为，农业劳动力本身不是个问题，只要农业收入提高了，自然有人干，想干的人多了，经过优胜劣汰，一些经营能力差的被排挤出局，农业劳动力素质自然就上来了。

不难看出，政府部门在农业劳动力及其培养问题上还没有形成统一看法，更谈不上予以重视。我们在农业发展上陷入了"见物不见人"的误区，即只看到农业机械化、技术改进等物的因素，而忽视了农业劳动力这一人的因素。

（二）办学方针

新中国成立后，随着中小学教育的普及，一些升学无望的农村青年厌恶农业，且缺乏实际劳动能力。针对这一情况，1958年中央提出"两种教育制度、两种劳动制度"（即和全日学习、全日劳动制度相并行的半工半读制度和劳动制度），意在使教育与生产劳动相结合，加强对青少年职业观念的培养。1964年农业部召开高等和中等农业教育会议,研究"社来社去"的改革,即由农村公社选派学生入学,学成后仍然回原单位工作。"社来社去"的改革是不成功的,根源之一在于没有从根本上养成受教育者爱农之心,罔顾个人职业意愿,强行让他们接受这样的技能培训,这样并不能收到很好的效果,一些人在毕业后即使回到农村,也想办法逃避农业生产,找关系分到公社机关工作。当然,人民公社的"大锅饭"分配体制挫伤了人们从事农业的积极性,工农业"剪刀差"导致农业收入低等,也是不容忽视的方面。

改革开放后,国家继续提倡生产劳动与教育相结合。1978年邓小平在教育部召开的全国教育工作会议上的讲话中指出,"现代经济和技术的迅速发展,要求教育质量和教育效率的迅速提高,要求我们在教育与生产劳动结合的内容上、方法上不断有新的发展","各级各类学校对学生参加什么样的劳动,怎样下厂下乡,花多少时间,怎样同教学密切结合,都要有恰当的安排"。1987年3月6日,国家教委印发了《全日制普通中学劳动技术课教学大纲(试行稿)》。该文件规定,初中劳动课每学年2周,每天按4课时安排,3年共计144课时;高中劳动课每学年4周,每天按6课时安排,3年共计432课时。在这一时期,生产劳动与教育相结合是从素质教育的角度出发提出的,重在劳动能力的培养,所以在相关文件中用的是"劳动技术",而不是"劳动"一词。而改革开放前,重在思想政治教育,即通过生产劳动,拉近与工农群众的感情,养成热爱劳动的观念。

对我国教育稍有了解的人都知道,在中小学开展的生产劳动教育大多流于形式。以我所知道的两所学校的情况为例,一个是我女儿的学校,一个是堂哥任教的学校。我的女儿初中刚毕业,她跟我讲,她们的课程分为主课和副课。我问何为主课,她说语文、数学和外语是主课,其他的课程是副课。从她上学的情况看,主课的成绩是评定学生在校表现的依据,期终考试三门主课总分排在前几名的学生才能当上三好学生,区教育局和学校考核教师业绩的根据也是他们所教主课的学生的成绩,老师经常在课上跟学生讲,"我的奖金要靠你们去挣"。学校很少有副课专任老师,即使有也是音乐和体育方面的。据女儿讲,她们的劳动技术课也就是发本教科书,可上可不上,要看主课老师是否有时间,这门课通常被主课所挤占,即便是上,也是读读课本。我看了一下江苏省编发的小学劳动技术课本,发现当中介绍工农业生产的内容很少,通篇是介绍剪纸之类的手工制作。她所在的小学没有农业劳动场地,有的是大楼和铺着塑胶跑道的操场。女儿上了六年小学,没有参加过校内外与工农业相关的生产劳动。这是一所城市小学的情况,那农村学校又如何呢?我的堂哥在老家的一所中学当校长,当我问及他那所学校开设劳动技术课的情况时,他不以为然,以为家长送孩子上学,就是为考个好高中,学校中心工作就是提高中考升学率,中考科目是不包括劳动技术的,参加农业劳动是没出息的。据他说,教育局也不考查劳动技术课的教学情况,考查的是中考升学率,升学率上去了,家长就会竞相把孩子送到这里来读书,学校就能收到择校费,教育主管部门和学校老师也能从中得到实惠。

现在虽然升学机会多了,但学生考试竞争压力反而更大了,生产劳动教育意识淡薄。我是 1981 年至 1984 年读初中,所在学校在中心集镇上,有一部分学生是城镇户口,很少从事农业劳动。学校里有校办工厂和几十亩菜地,在校期间每周上一次劳动课,其内容是挑水浇菜地。当放学路过菜地时,看到我们亲手浇灌的蔬菜在阳光的照耀下,绿油油的,心里很快乐。我是在县城上的高中,这所学校不仅有菜田,而且有养猪场和果园,我们在这里给菜地浇过水,给养猪场割过猪草,还上过一学期养蜂课。当时,学校西北角上有一片池塘,塘中有一小岛,岛上遍植花果,养蜂课在这里上,我们在现场跟老师一起劳动。当时,学生生活困难,平时难见荤腥,学期末,学校把猪杀了,改善一下伙食,这时我们有如过节一般快乐。现在,这两所学校的田地、养殖场都没有了,连同校园里上了年头的梧桐树都被砍了,全然没有一点自然景色,代之以钢筋水泥建筑。问当时的任课老师,回答不外乎是:学校扩招,教室和宿舍还安排不过来呢,现在哪有工夫干那些事?

可见,对青少年进行生产劳动教育在我国还没有落到实处。义务教育阶段是人生价值观形成的关键时期,全社会农业职业观念的淡薄不能说与国家教育政策的偏差没有关系。

(三)财政投入机制

我国把农业职业教育的财政投入的重心放在农业技能学习上。国家对就读农业职业教育的学生及其院校应该说是舍得投入的。2007 年,国家有关部委发布《中等职业学校国家助学金管理暂行办法》,决定从当年秋学期开始,对农村学生、县镇以下城镇户口学生,以及来自城市低收入家庭的学生上中等职业学校每年给予 1 500 元助学金补贴。2009 年,国家又出台政策给予中等职业学校涉农专业的学生减免学费的优惠政策。这些政策的初衷是增加农业生产一线人才培养力度,但实际效果是扩大了相关学校的生源,减轻了就读农业中职教育学生的家庭经济负担,但对农业到底有多大帮助是值得怀疑的。如果学生不认同农业生活方式,不愿意到农业和农村中去,这样的财政资助又能起什么作用? 为吸引生源计,有的职业学校把一些非农专业名称做修改,带上了"农"字,特意在招生简章上注明享受学费减免政策,并且在专业名称后加上了一句模具设计或数控机床方向,以打消家长对子女将来到农业去就业的顾虑。国家对涉农专业中职生的毕业去向是没有限制的,只要来就读的就能享受政策,这样难免让很多本无农业职业理想,毕业后不愿意到农业去的学生钻了政策空子。国家为减轻中西部地区的财政压力,对这些学费减免政策配套了相应的转移支付制度,中央财政负担的部分是跟着人跑的,即不限制学生就学区域,如中西部学生到东部读涉农中职教育,其所享受的助学金中中央财政负担的部分将划拨到该生就学所在地去。江苏省比照国家的办法,由省财政往下转移支付,不同地区负担比例不一样,穷的地方拨得多,富的地方少,省级财政支付也是跟着学生走的。这样的财政安排不利于落后地区留住人才,客观上鼓励落后贫困地区的学生往城市和经济发达地区迁移。

财政对农业职业院校的支持力度是很大的。我们没有从财政部门取得相关数据,但是,据某农林职业技术学院的常务副院长介绍,省里在给他们拨款时,是生均财政负担额再乘上一个系数,农业职业院校属于重点扶持对象,所定的系数高,达到1.2,所以,他们学校得到的财政补贴比一般的职业学校多,日子要好过。正因为如此,他们要高喊"为农业服务"的口号。这个学校的办学以大专层次为主,生源有保障,学费收费标准不低,跟一般的本科院校差不多。该校前几年搞基建欠下的银行贷款大部分已经还清了,教师收入也不错。我私下向一个教龄不到10年的年轻教师打听工资情况,这位老师说,其工资加津贴一个月在6 000元以上。而我在同一个地区的本科院校任教,工龄比他长,职称比他高,我的工资和津贴加在一起还不到5 000元。一位老农技人员讲,农校老师不比以前了,过去是老农民打扮,现在是西装革履,出门有小汽车,不少有后台的人都把子女安排到里面工作,近几年新进的教师真正懂农业技术的没几个,指望这些老师到田地里,汗流浃背地和学生一起干活是很难做到的。可见,财政投入肥了学校和教师,而有多少用在学生身上,在多大程度上对农业人才的培养有帮助是令人怀疑的。

在财政拨款上不同行政级别的农职业院校苦乐不均。改革开放后,我国逐步在教育上实施"分灶吃饭"的财政体制。1980

年教育部根据宏观财政体制的变化,发出《关于实行新财政体制后教育经费安排的建议》。同年,教育部率先在部属院校推行"预算包干"。文件规定,从 1980 年开始,教育经费拨款由中央和地方两级财政切块安排。1985 年中共中央发布了《关于教育体制改革的决定》从管理体制上明确了"基础教育的管理权属于地方"。1991 年,《国务院关于大力发展职业技术教育的决定》明确指出,发展职业技术教育责任在地方,关键在市县。1994年的分税制改革进一步强化了"分灶吃饭"的教育财政体制。

不同级别、不同地区的政府财力是不一样的,从中央到地方,行政层级越低,财力越薄。义务教育和职业高中归县及县以下政府管辖,按照 1998 年和 2003 年国家相关部委的规定,这些学校要配备专职劳动技术课的专任教师或专业技术人员,地方政府要划出土地、山林或水面给它们做实习基地。这些政策很难落实下来,有的县级政府连维持所谓主课教师的工资都捉襟见肘,更不要说承担副课教师的工资了。职业中学的情况可见一斑。《中等农业教育》透露的信息是,20 世纪八九十年代农村职业中学的农业技术任课教师不少是没有正式编制的,随着农业职业中学的衰败,这些教师大部分被清退了。江苏省原有的8 所农业中专学校在财政分配上也是不均衡的。属于省里农林厅直接管辖的,日子好过,而划到地市级政府管辖的,日子难过。地市级的农校得到的财政拨款只有省属农校的零头。所以,条件好的学校好上加好,办学评优样样占先,省里、国家的专项资金都拨到他们头上,而条件差的学校则每况愈下。升格为高等院校的 5 所农校均在江苏省经济发达的中南部地区,其中 3 所省里直管的学校是首批升格的。

(四) 就业安置

1983 年的中央 1 号文件提出"打开人才通向农村的路子",居住在城市的知识分子自愿到农村服务的应予以保护。该文件从大的方向上肯定了汇聚各方面人才参加到乡村建设的积极意义,但是,没有明确城乡知识分子到农村去的具体途径和配套政策。同年,江苏省在落实中央指示精神上摸索出一套办法,即省内农牧学校采取定向招生的办法,为农村社队代培人才,也就是20世纪60年代的"社来社去"政策的延续。随着农村人民公社体制的解体,江苏省的这项政策也就失去了存在的意义。此后,国务院及国家有关部门多次强调要对职业技术学校的毕业生回乡务农提供政策优惠。1989年,农业部、国家科委、国家教委、林业部、中国农业银行联合发布《关于农科教结合,共同促进农村、林区人才开发与技术进步的意见(试行)》,其中谈到"对职业技术学校的毕业生和经过培训合格的人员,由农业有关部门发给技术等级或合格证书,技术岗位要优先录用上述人员。对其回乡从事农业生产的,要在承包土地、果林、提供贷款、化肥、农药、良种等方面给予优惠,并制定相应的政策。"1991年,国务院《关于大力发展职业技术教育的决定》也指出,"在农村,要重视办好直接为农林牧业服务,特别是与发展粮棉油生产有关的专业,同时也要注意培养其他各种专业技术人才。专业设置要适应农村经济发展需要和农民生产经营体制。要积极稳妥地改革中等专业学校和技工学校的招生和毕业生分配制度。应按照国家计划分配、用人单位择优录用和个人自谋职业相结合的就业方针,面向城乡多种所有制的需要培养人才,根据专业特点,合理安排毕业生去向,特别是要打开中级技术人才通向农村的渠道。计划、教育、劳动、人事等有关部门应积极配合推进这项改革。"1998年,国家教委、国家经贸委、劳动部联合发布的《关于实施〈职业教育法〉加快发展职业教育的若干意见》提出,"在职业教育发展中必须把办好农业职业教育放在重要位置。……对志愿学农的学生可减免学费、给予专业奖学金;在农村要逐步推行"绿色证书"制度;对回乡务农的职业学校毕业生提供生产开发贷款并在承包土地、提供种、化肥、农药等方面给予优惠。"

但是，上述政策很难具体落实下来。我国农村土地制度是与集体成员权相联系的，20世纪八九十年代，农村学生上职业学校在入学时是要转为城镇户口的，户口一转就失去了集体成员权，其在农村分得的土地就要被收回，毕业后回乡务农，耕种的土地何来？2000年之后，江苏省规定，本省学生上农业职业院校的可不转户口，但外省学生入学后要转为本省城镇户口，对这部分学生而言，又如何在落户所在地取得土地承包权？虽然土地流转制度为有志于农业的人取得土地的耕种权提供了政策空间，但是，这项政策也缺乏相应的配套措施。江苏省南部地区城镇化水平高，农村土地流转给周边省份和本省北部农民耕种的现象比较普遍，外地农民在当地种地却没有宅基地，也难以享受当地的公共服务。我在句容县调查期间，碰到一位王姓农民，连云港人，在当地包了近200亩水田，住在原生产队废弃的牛棚内，远离村庄，庄上的自来水管道和水泥路通不到这里来，生活艰苦得很。国家发放的种粮补贴到不了他手上，村上的公共事务，即便是涉及他的，如农田水电管理，他也没有发言权。这位农民年过六十，对种田并无长远打算，打算再干几年赚点钱就回老家。老人的儿子不愿意跟着来继承这份工作。这位老人讲，他年纪大了，出去打工，人家不要，只能将就在这里种地。在这里租地耕种的外地人有9位是他的老乡，大多年过半百，境况和他差不多。过过苦日子的老农民迫于生计从事农业，有技术、有职业抱负的中青年人又如何能适应这样的生产和生活条件？更何况他们还牵涉到结婚生子、子女教育等人生大事。虽然国家要求银行给回乡务农的农业职业院校毕业生提供信贷支持，但是，说归说，做归做，银行很少响应。目前，在我国农村，"融资难"是不争的事实，连已经有一定经营基础的专业大户都很难从银行贷到款。比如，刚才提到的王姓农民，由于不是当地人，没人肯给他担保，他也没固定资产可抵押，从没想过从银行贷款，银行也没找过他，他手头资金紧得很，买农药、化肥样样要钱，收获时，直接在田里把粮卖给贩子，连晒也不晒，拿到钱就去还欠农资经销商的帐。他虽然种的地规模很可观，但自家没有大型农业机械，所装备的无非是小型喷雾器、钉耙、锄头之类，与耕种小块农地的农民没有什么差别。他收获的粮食也没地方晒，我问他，买台烘干机不是很好吗？他回答资金跟不上。可见，农业固然少不了有职业理想、有技术的劳动力，但是光有这些劳动力是不够的，如果他们不能与土地、资本相结合，只能是空有抱负，难以真正发挥作用。

我国农产品价格低，农业劳动的价值难以得到充分反映。《中国农村经济形势分析与预测》是中国社会科学院农村发展研究所和国家统计局农村社会经济调查司联合发布的年度报告书，其中有一章是关于农民收入和生活的，从中可以看出，自2000年以来农民收入呈现这样的趋势，即工资性收入上升，家庭经营纯收入下降。根据这份报告的统计口径，在农民家庭收入中，扣除其中来自第二、三产业的非农收入，来自农业经营的收入只占其中一部分。从这份报告提供的2009年的数据看，来自农业经营的收入占农民总收入的比重没有工资性收入所占的比重高。[①] 这表明，在我国农业兼业化现象已经很严重，农业收入赶不上兼业收入。我所调查的王姓农民称，这两年粮食价格虽然有所提高，但是，农资价格也在跟着往上涨，他每年的收入也就在7万元左右，这当中不算夫妻二人投入的劳力和资金的利息，他们夫妇每天起早贪黑，经营上不敢有丝毫疏忽，否则还可能亏本。与他一起到这里来包地的老乡就有的亏了本，欠村

---

① 中国社会科学院农村发展研究所、国家统计局农村社会经济调查司：《中国农村经济形势分析与预测(2009—2010)》，社会科学文献出版社，2010年。

里水电费和土地租金,人跑了。他跟我算了一笔账,现在当瓦工,一天还有一百多块工钱,一年下来,夫妻二人也能挣个六七万元,还不用这么辛苦,担这么大的心思。不少学者认为,一部分农民逐步脱离农业,这为发展适度规模农业提供了契机,培养职业农民有很大的必要性。[①] 但问题是,如果职业农民的劳动价值得不到体现,那么,又有多少人肯守在农业上,等着受穷?特别是对中青年人而言,就业渠道多,有很多可供施展才能的地方。如果青壮年人不安于农业生产,职业农民又从何而来?

第四节　本章小结

农业职业教育宏观结构的失衡是与微观主体的行为特征分不开的,在市场条件下,有必要对微观主体加以诱导,促进农业职业教育回到"为农业服务"的轨道上来。

一、引导个体价值取向

从调查结果可以看出,学生就读农业职业院校大部分是抱着实用主义的态度,少有明确的职业理想,农业职业教育的个体需求与农业职业教育的人才培养目标不一致。学生把教育的"有用性"普遍看成是通向更高社会等级的阶梯,他们更多追求的是教育的形式——学历文凭,而不是职业素养上的自我完善。之所以就读农业职业院校,大部分人的回答是迫不得已,学习成绩不好,好学校考不上。这在农村学生身上表现得更为明显,学校是他们"跳龙门"的捷径,拿个文凭可以在城里找个收入高的工作,他们父母的心愿则更迫切。所以,地位商品成了普遍受追捧的对象。地位商品随着稀缺性的不同而在价值上有大小之

---

① 焦守田:《培养现代农民》,中国农业出版社,2004 年。

分，在高校扩招之前，拿个中专学历就很管用，而在此之后，中专学历贬值，要再顺着学历阶梯往上爬，才能出人头地；在发达地区和中心城市就读，能够就近找个好工作，脱离穷乡僻壤，人们在利益面前普遍成了没有差别的"经济人"，精于算计自己的利益得失，个体需求与社会需求存在不一致。

值得注意的是，有相当比例的受访者认为干农业太苦、烦神，当中透露出青年人贪图安逸、舒适的生活的职业观。如果任由这种倾向发展，那么，随着生活水平的提高，将来还有多少人愿意到农业生产一线去工作？这表明，不能把人们的职业选择看成是单纯地追求物质利益的行为，而有必要看到其中包含着的人格因素。

调查发现，大部分学生很少干过农活，甚至从未干过，农村学生也不例外。他们的父母们认为，孩子只要读好书就行了，干活是大人的事情。不要说干农活，就连洗袜子、衣服这种事从小到大也是父母包办。他们错失了在劳动中培养坚韧、诚实、吃苦耐劳品质的机会，更谈不上对劳动的自豪感。学校教育强化的是人与人之间的竞争，个体与群体发展之间的联系被打破，助长自私、虚荣心等与物质生产不相符合的气质。在失去健全人格的情况下，他们在做出职业选择时往往看不到社会发展的需要，不明白自己的人生价值在哪里。缺少价值取向的个人需求难免不是随大流的。

有一些学生是看中上农业中专花钱少，还能拿个文凭，将来好就业，经济上合算。国家对农业中专学生入学减免学费，学生享受了政策，但其职业志向大多不在农业上，之所以来上，是基于对这里提供的地位商品的成本和收益的权衡。相关院校也迎合这种需要，提高这种地位商品的价值，或挂羊头卖狗肉，把农科专业办成非农科专业，或把三年制中专延长两年，好让学生拿个大专文凭。来农业职业院校就读的学生大部分来自农村，家庭经济条件并不宽裕,在教育支出上不能不做经济上的计算。问题是,学生少有农业职业理想,这种算计于个人有益,于社会无补。

调查问卷表明,大多数家长把自己的幸福感建立在子女有一个好的前途和出路上。农村学生的家长通常不希望子女回乡务农,认为农业不会有多大前途,难以出人头地。在他们眼里,职业不是生活的需要,而是社会等级的标志。反而有一些知识层次高的家长对孩子的选择持开放态度,尊重子女的选择。青年人职业理想是在社会大环境中形成的,社会意识对人们的世界观有很大影响,父母的价值观念就是社会意识的一部分。职业世界观的教育不光是青少年的事,成年人也有必要加入其中,唯有如此,才能形成良好的社会氛围,扩大农业后备劳动力的社会基础。

当然,基本的物质生活是人首先要得到满足的需求,农业风险大,自然灾害、动植物疫情等对农业收成影响大,在市场经济中,农产品价格波动也会带来可怕后果。与高收入相比,在生存竞争的压力下,人们更倾向于安定的生活。保障青年农民获得稳定的、合理的劳动报酬,保护其务农积极性也是不容忽视的方面。

二、改善教育供给

个体所表现出来的对地位商品的追求反映出他们少有正确的职业价值判断,他们真正需要的是世界观的改造。我们的教育供给不是从人的实际需要出发,让人明白工作和生活的意义。职业教育被当成生产劳动力的"器",与普通教育相脱节,美其名曰:培养学生职业技能。普通教育的早期阶段,正是人们世界观形成的关键时期,而我们的职业教育却延伸不到那里去。这种工具性教育是把职业与特定的人挂钩的,而不问人的个性与志向,学业差的早早地归入培养普通劳动者的教育中去,而优秀的升入精英教育的金字塔中,农业职业教育成为在考试竞争中被淘汰者无奈的选择,受教育者少有对农业的认识和对农业职业的理想和抱负。如此舍本求末,农业职业教育的效果可想而知。农业技能是在实践中逐步历练出来的,而职业价值观念和人格的养成有必要尽早进行,舍弃人的教育,把目标过早地定在技能培养上,会使农业职业教育效果大打折扣。

健全的职业人格和多方面的技能不是书本知识所能达到的,有必要在生产现场中加以历练。而我国农业职业教育生产却是在封闭的教室内完成的。学生对农业职业院校的教学普遍不满意,认为理论灌输多,实践少。农业职业院校是这样,中小学劳动技术课也是如此。即便是实践教学,学生也只是见习而已,没有负起实际责任来,学生毕业后难以很快适应工作环境。

在市场化的办学体制下,农业职业院校出于自利的动机,迎合个体对地位商品追求的需要,把教育生产异化为发放学历文凭,而不是促进学生的职业成长。在分化的教育市场中,不同学历层次和社会声望的学校所提供的地位商品价值是有等级差别的,农业职业院校处于等级学校制度中的下层,在地位商品稀缺的年代,尚能维持生存。在高校扩招的压力下,农业职业院校不能不竭力向高层次教育攀登,开设热门专业,以维持其地位商品的价值。

市场虽然有竞争的一面,但也有强化垄断的趋势。发达地区和城市的学校凭借地利优势,在生源争夺中胜出,规模越办越大,而落后地区及乡村的学校生源流失,生存艰难。农业职业教育在农业教育规律和市场的夹缝中生存,最终其布局顺从资本牟利的需要,从乡村向城市集中。

表面上看起来,在市场化改革下,学校和政府分开了,学校有办学自主权,政府管调控,实际上是助长了官商勾结,上下其手盗取公共资金和社会个人财富,学校的办学经费并没有多少真正用在学生身上。财政资金被学校占用,不是用于增加公共产品,而是服从资本生产的目的。为争取更多的财政资金,学校展开了政治活动,迎合政策制定者的个人偏好,配合他们搞政绩工程,为他们提供吃喝玩乐等服务,为寻租行为大开方便之门。

出于追求单位教育商品成本最小化的动机,学校满足于给学生灌输书本知识,教学农场被挪作他用,学生鲜有劳动实践的机会,农业职业教育脱离生产现场,学生难以在劳动锻炼中改造世界观,更谈不上积累生产技能。另外,学校注重外在形象和市场份额,建大楼,铺草坪,开设五花八门的专业,以诱人的招生宣传来招揽生源,甚至以金钱买通生源所在地的教师和官员为他们服务。大量与教育内容无关的教育成本追加上来,在市场份额上升的同时,其办学成本并不见得下降。在这里,教育徒有形式,失去了内容。学生获得的文凭证书与去当农民所需要的相关素质相脱节,这样的教育生产是与农业职业教育的社会需求不相符合的。

这种用市场买卖方式来办农业职业教育的理论和实践说到底是只看到职业教育上"器"的层面,而没有看到其中包含着人格的因素。从"以人为本"的角度出发,农业职业教育应该是伴随人职业成长全过程的教育,而这种教育绝对不是市场化办学所能达到的。

三、完善政府政策

国家不是抽象的概念,而是不同利益团体的对立统一体。利益集团对国家政策施加影响,使之为自己的利益服务。好政府能够平衡各利益集团之间的关系,使政策为公共利益服务,而坏政府则被某些强势利益集团所左右,成为其侵害其他利益集团的工具。农业是国民经济的基础,提高农民素质,促进传统农业向现代农业转变是社会的利益之所在。国家不是没看到这一点,但是,在政策操作上,却容易把屁股坐歪了。工商业资本是强势的,而农民阶层是弱势的,在劳动力配置上政府很难不被资本所左右,难以兼顾农与非农的实际需求。政策制定者打着促进农民增收的旗号,鼓动农村人口向外转移。在社会劳力紧张时,他们惊恐"城市用工荒",而面对农业人口老龄化,却认为这不影响农业产出。对地方政府而言,招商引资是头等大事,农业是嘴上喊重要,实际是不重视的,在劳动力分配上孰轻孰重,那是不言而喻的。政府的利益偏好决定了其在调控农业教育结构上很难到位。

政府把农业职业教育交给市场去办,而又不尽监管责任,学校办学随心所欲,丢掉了办学宗旨。农科专业被砍了,一些与农业沾不上边的专业即便是不具备办学条件也开起来了;中专一窝蜂地升大专了,而不管大专质量能否有保证;学校往城市搬,实习农场被占用;等等。这些都与政府行政上的不作为有关。

应该说,在农业职业教育上,政府还是舍得花钱的,但是,效果不大。问题在于"重学不重用",把大量的资金用于资助学生入学和学校办学上,而不问效果如何。受到资助的学生心思大多不在农业上,将来的就业去向也不在农业上,这样的资助与其是对农业后备人才的补助,莫如是对贫困农民家庭的收入补贴。收到公共资金扶持的学校虽然口口声声说是为农业培养人才,但是,在实际办学中南辕北辙,公共资金被用于资本生产的目的,所培养的人少有职业农民的气质。这样的财政投入说起来是农业人力资本投资,实际上并没有带来公共利益的改进。

问题的关键不在于要不要政府,而是政府该怎么办。政府有必要把微观供需双方统一到社会需求上来。只有政府从人的需要出发来办农业职业教育,个体才能把自己的命运与社会的需要联系起来。

第三章 日本农业职业教育结构
历史变迁及其原因

第一节 日本农业职业教育的宏观结构

日本农业正面临深刻的危机,其突出的表现是农业后继无人,这是与农业职业教育长期存在结构性失调分不开的,一方面青年农民严重匮乏,农业老龄化日益加深,另一方面农业职业教育萎缩,难以起到向农业输送人才的作用。

一、日本农业劳动力再生产危机及其后果

劳动人口再生产是社会再生产得以顺利进行的必要保证,农业劳动力的供应不仅要满足当前的需求,还要满足代际间正常新老交替的需要。单纯从人均耕地面积上看,日本农业劳动力队伍不小,但这当中存在着深刻的结构性矛盾,占农业人口大部分的是20世纪三四十年代出生的老龄人口。目前,老龄农业人口正向高龄化方向发展,陆续到了不得不退出生产的年龄,而可资替补上来的青壮年劳动力严重匮乏,农业可持续发展受到严重威胁,用"危机"来概括农业劳动力再生产状况并不过分。

2010 年,在骨干农业劳动力中,60 岁及以上劳动力的比例高达
72.6%,70 岁及以上劳动力的比例达到 45.5%,而 39 岁以下劳
动力的比例只有 4.8%。专业农户老龄化和后继无人的现象也
很严重,2010 年,专业农户有 40 万户,但有常年参加农业劳动
且年龄在 65 岁以下的家庭成员的专业农户只有 34 万户。北海
道芽室町是一个以农业为主的乡村,2010 年,有专业农户 2 613
户,其中家庭劳动成员均在 65 岁以上的比例达到 26%。65 岁
及 65 岁以上的农业从业者是在二战前或二战后初期出生的,随
着这部分人陆续退出生产行列,"谁来种田"在日本已经是一个
不可回避的大问题。表 4-1 是 2006 年和 2010 年日本骨干农业
劳动力年龄统计数据。

表 4-1　日本骨干农业劳动力各年龄段人数及所占比例

万人,%

年份	15～39 岁	40～49 岁	50～59 岁	60～69 岁	70 岁以上	合计
2006 年	10.5/5.0	16.1/7.6	38.8/18.4	60.8/28.9	84.4/40.1	210.6/100
2010 年	9.2/4.8	11.8/6.2	31.4/16.4	51.9/27.1	87/45.5	191.3/100

资料来源:根据日本农林水产省网站(www.maff.go.jp)提供的数据制作。

日本农业后继无人是历史上农业劳动力结构性矛盾积累起
来的产物。在工业化过程中,日本农业劳动力出现了大规模转
移,其速度之快、规模之大在人类史上是罕见的,但其负面影响
也很明显,青壮年劳动力流失,农业老龄化日趋加重。在工业化
完成之后,农业劳动力仍难以得到有效补充,每年新增加的务农
人员,特别是青壮年务农人员不断减少,农业劳动力结构性矛盾
非但没有得到缓解,反而日趋加重。1960 年以来,日本农业劳
动力平均年龄呈现不断增长的趋势。1960 年,常年从事农业者
中 60 岁以上的比例为 13.79%,20 世纪 80 年代还维持在 30%
的水平上,此后,该比例迅速上升,2001 年,突破 60%,2010 年
接近 70%。更为严峻的是,在高龄农民集中退休的高峰期来临

之际,青壮年农业人口仍在流失。从 2006 年到 2010 年,无论是从绝对数上看还是从相对数上看,70 及 70 岁以上的骨干农业劳动力都是增加的,而其他年龄段的均是下降的,2006 年 49 岁以下的骨干农业劳动力为 26.6 万人,2010 年下降到 21 万人,降幅为 21%,而 70 及以上的骨干劳动力则由 2006 年的 84.4 万人增加到 2010 年的 87 万人,增幅为 3.1%。日本 60 岁及以上骨干劳动力此例历年变动情况如表 4-2 所示。

表 4-2 日本 60 岁及以上骨干劳动力所占比例历年变动情况

年份	1960 年	1970 年	1980 年	1990 年	2000 年	2010 年
比例/%	18.9	24.3	36.4	46.0	66.5	74.0

资料来源:根据日本农林水产省网站(www.maff.go.jp)提供的数据制作。

农业劳动力再生产危机严重威胁着农业可持续发展,削弱了日本经济的综合竞争力。随着高龄农业人口陆续退出生产,农业人口自然减员严重。从 2000 年到 2010 年骨干农业劳动力人数由 240 万人减少到 191.3 万人,其幅度之大,不亚于高速增长时期因大规模转移所带来的农业人口减少。但与高速增长时期所不同的是,目前农业人口的减少同时带来了农户数量的大幅度下降,表面上看起来,这给扩大户均耕地面积带来了契机,但由于后续劳动力严重不足,能否实现农业规模化经营仍然是个未知数。目前的形势是专业农户在流失,自给农户比例扩大,农业经营零碎化有所抬头,高龄农户退休后让出的农田因无人接手耕种,出现了大面积摞荒。在日本,老龄化和"空巢化"现象不仅在兼业农户中存在,在专业农户中也很普遍。部分专业农户因后继无人,经营欲望下降,被迫缩小经营规模,向兼业农户,甚至向自给农户转化。其结果是,专业农户数量严重下降,相比之下,自给农户比例大幅度上升,在农户总数下降的背景下,其绝对数却略有上升。日本农户结构及历年变动情况如表4-3所示。

表4-3　日本农户结构及历年变动情况

年份	1970	1980	1990	2000	2005	2010
总农家户数/万户	534	466	383	312	284	243
专业农家/万户	83	62	47	43	44	40
有生产年龄男劳力的比例/%		42.7	31.8	20.0	18.6	18.4
主业农户/万户			82	50	43	36
自给农家/万户			86	78	89	82
占总农家的比例/%				22.5	25.1	31.2	33.7

资料来源:根据日本农林水产省网站(www. maff. go. jp)资料整理而成。

20世纪80年代之前,农户数量的下降主要是因为农业人口向第二、三产业转移,日本学者称之为"社会减",之后则更多的是因为高龄农户退出农业生产,而家庭经营又无子女继承所导致的,即所谓"自然减",与前一时期相比,后一时期下降加剧。1978年,日本从事商品生产的农户数量约为479万户,1988年为424万户,这10年下降了近12%,1998年为329万户,与1988年相比下降了22%,而2008年则为170万户,与十年前相比,减少近半。随着农户数量的减少,户均耕地面积大幅度增加。1960年,平均每个农业就业人口不到0.4公顷耕地,到2010年接近2公顷,其中北海道每个农业劳动力平均占有耕地达到9.8公顷,每个农户平均拥有耕地20.5公顷。北海道地区单个农户的耕地面积已经达到欧洲国家的平均水平。户均耕地面积的扩大给农业规模化经营带来了契机,但是,从农户结构变化上看,农业规模化经营有倒退的趋势。当前,日本的部分专业农户后继无人,随着年龄增大,经营欲望下降,减少耕种面积,退向兼业农户,乃至种一点口粮田,成为自给农户。日本农户结构出现了专业农户减少,而自给农户相对增加的趋势。2000年,专业农户数量为43万户,2005年略微有所上升,但是此后5年则出现了急剧下降,2007年尚有专业农户43.1万户,2009年则下降为40.1万户,降幅为6.6%,从2000年到2010年,专业农户的比例占总农户的比例始终是下降的。同期,兼业农户数量虽然也有所减少,但其所占比例却有所上升,自给农户则在80万户左右徘徊不定,但是,其所占比例是上升的,且升幅呈现加快的趋势,从1990年到2000年的10年间只增加了2.6%,但是,2000年之后的10年间增加了7.4%。据北海道农业官员介绍,2000年到2005年,专业农户的增加并不表明农业人口结构的改善,而是老龄化步伐的加快。这一时期,二战后"婴儿潮"年代出生的人陆续到了退休年龄,这部分人从其他产业退休后发挥余热,由兼业农户转而成为专业农户。2010年之后,随着这批老年专业农户高龄化,北海道专业农户数量又呈现下降趋势。

目前,缺少专业农户的现象蔓延开来,在占日本国土面积近70%的山区和半山区,有八成左右的自然村落没有专业农户,即便是在生产条件好的水田农业地带,也有四成的自然村落缺少专业农户。在经济高速增长时期,农地面积的减少主要原因在于被转用于非农用途。但是近年来,因经营无人继承而引发的抛荒不断增加,成为耕地面积减少的首要原因。早在1963年,日本颁布的《农业基本法》就提出了培育"自立农户"的政策主张,试图造就一批经营规模大、以农业收入为主要收入来源的职业农民,让他们成为农业经营的主体,但因留在农业上的人口基数大,推进土地流转和集中经营并不顺畅。时过半个世纪,时机虽然来临,但阻力依然不小,与过去不同的是,现在面临的问题是劳动力严重不足,高龄农民退出的耕地无人接手。

北海道是日本传统的农业区,耕地面积多,农业规模化经营已成气候,但这里农业同样面临劳力短缺的危机,土地抛荒现象苗头已经出现,据统计,2009年,有7 000多公顷撂荒耕地。距离札幌60公里的栗山町农业区,位于石狩平原,笔者在此调查期间,发现在大块农田中常可见到杂草地,其中一枝黄在疯长。经打听,这些地的主人年老无力耕种,子女不在身边,其他农户也力不从心,耕地终因无人接手已荒了两三年了。靠近札幌市区不少农田被分割为若干小块,分块租给城市居民种菜,美其名曰"市民农园",笔者在秋收季节下乡调查途中专门下车探访一处这样的农园,发现所谓"市民农园"里种的茄子和辣椒之类,长势不好。当时有一个农民模样的人在旁边,上前一问,得知这地是他家的,子女住在城市,自己年老,干不动,只好把地租给想体验农业的城里人。他说,租地的城里人一般节假日才过来,种的东西基本上是望天收。他的地之所以能租出去,恐怕在于这块地在公路边上,交通方便,稍微离公路远一点的闲地,就是荒草一片了。历年日本抛荒耕地变动情况如表4-4所示。

表4-4　历年日本抛荒耕地变动情况一览表

万公顷

年份	1985	1990	1995	2000	2010
耕地面积	12.8	21.6	24.4	34.6	39.8

资料来源:根据日本农林水产省网站(www. maff. go. jp)数据整理而成。

农业劳动力不足对农业产出的影响并不显著,但是却降低了农业经营的活力,农业生产结构跟不上消费结构的变化。过去稻米是主食,战后经济发展带来了食物结构的多样化,肉、蛋、奶及精细面粉的消费增加,并且随着人口的老龄化,在农产品消费上"小批量,多品种"的特征更加明显。与活跃的消费相比,农业生产僵化,稻米生产有余,而饲料粮、小麦生产短缺。[1] 日本农业生产指数历年变动如表4-5所示。

表4-5　日本农业生产指数历年变动一览表

年份	综合	米	麦	豆类	薯类	蔬菜	水果	畜产
1960—1964	100	100	100	100	100	100	100	100
1965—1969	117	107	78	73	82	123	142	151
1970—1974	120	94	27	64	60	135	184	205
1975—1979	129	99	25	49	59	141	206	241
1980—1984	129	84	44	49	63	145	199	280
1985—1989	134	87	55	57	70	147	194	307
1990—1994	128	81	38	40	63	137	172	313
1995—1999	122	79	28	38	58	129	161	297
2000—2004	115	70	40	46	53	121	150	286

资料来源:转引自[日]生源寺真一:《振兴农业——盘点日本农政》,岩波书店,2008年。

生产与消费脱节是与农业劳动力问题相关的。在农业上唱主角的"一人农业"或"二人农业"对用工少的水稻生产有依赖

---

①　日本农林水产省公布的粮食自给率有两种,一种是卡路里自给率,这是按其国内生产的食品原料所提供的热量在全部食品原料中所占比重来计算的;另一种是生产额自给率,这是按照国内生产的食品原料市场价值所占的比重来计算的。日本谈到农业危机时,往往拿出的证据是农业自给率下降,每年官方都会公布相应的数据,2010年卡路里自给率是40%,生产额自给率是70%,而1960年卡路里自给率还维持在80%的水平上。但是,无论是卡路里自给率,还是生产额自给率,都没有反映出日本农业的真实生产能力。与自给率相比,农业生产指数更恰当一些。东京大学教授生源寺真一提供的数据表明,与食品原料自给率逐年下降相比,从1960年到1990年,日本的农业生产指数是上升的,之后有所下降,但下降幅度不是很大。1960年至1964年五年间的数值设定为基数100,1985至1989年的五年间的平均数为134,2000年至2004年为115。这表明,二战后日本农业生产能力并非绝对地下降。

性,不愿转产其他作物,且只放弃了稻作收获后的麦作及杂谷、蔬菜的种植。其结果是,土地利用率降低,生产结构畸形。政府为稳定米价,不得不压缩水稻种植面积,但受制于劳力不足,且队伍庞大的老年农户的抵制,收效不大。生产与消费的脱节带来了食物原料自给率的下降。1965 年,以食物热量供应值为计算口径的粮食自给率为 73%,2009 年降为 40%。食物原料自给率是相对数,反映的是在食物原料消费中国内产出所占的比例,它的下降不光是生产量减少的因素引起的,当中还存在一个供给不适应市场需求的问题。日本食品原料卡路里自给率情况如表 4-6 所示。

表 4-6　日本食品原料卡路里自给率历年变动情况

年份	1960 年	1970 年	1980 年	1990 年	2000 年	2010 年
比例/%	79	60	53	48	40	39

资料来源:根据日本农林水产省网站(www. maff. go. jp)资料整理而成。

目前,日本农业人口占全社会就业人口的比例已与欧美国家接近,随着高龄人口的大批退出,这一比例将进一步下降,这带来了户均耕地面积的显著扩大。但是,农业规模化经营有一个适度的问题。日本山地多,平原少,除少部分地区,如北海道之外,相对于欧美,耕地零散,大面积耕作优势并不明显,在有限的耕地上过多地投资虽然很好地弥补了人力的不足,但也带来了生产成本高的不利后果。随着市场开放,农产品价格下降,日本农业面临很大的竞争压力。农业成了日本国际交往中的软肋,在双边或多边贸易谈判中,农产品市场开放问题总是难以迈过去的坎。2010 年,菅直人政府提出了增强农业竞争力,在今后的十年内把粮食自给率由目前的 40% 提高到 50% 的农业发展目标。为达成目标,日本的路子是走差异化的发展战略,试图向全球不断增长的高收入人群提供高品质农产品,变过去被动承受世界市场的压力为主动迎接挑战,甚至有人把农业与医疗护理产业一道看成是新兴产业。近年来,推广有机农业就是其中的一个步骤。问题是以有机农业为代表的新的农业发展模式耗用人力大,现有的农业劳动力资源不足以支持农业新战略的实施。日本不少有识之士认为,改变与其经济大国地位不相称的农业现状离不开农业劳动力供给的改善。

日本的经验表明,农业劳动力培养跟不上,农业规模化经营是难以实现的。如何培养新生劳动力是关系今后日本农业发展的大问题。

二、农业职业教育萎缩

教育对社会经济的影响具有滞后性。今天,日本农业劳动力出现的断层危机是过去几十年后备农业劳动力培养力度不足长期累积的结果。

这里讲的力度不足,不是指办学力度不足,而是指农业职业院校招生难,所培养的人才到不了农业生产一线上去,农业职业教育发挥不了向农业输送人才的功能。事实上,日本对农业职业教育是非常重视的,农业职业学校的历史可以追溯到二战前的农学校。[①]二战后初期,日本在极度经济困难的条件下,不仅坚持办好已有的农学校,而且还增开了新的学校,并按照6·3·3学制的要求,把农学校由初中层次提升到高中层次,也就是现在的农业高中。二战后,日本农业职业教育重点在农业高中上。就北海道而言,1946年,新增加了3所农业高中,分别是标茶、一

---

① 首开先例者当为明治维新时期创办的驹场农学校和札幌农学校。札幌农学校始于1867年,其时正是北海道开拓时期,北海道厅行政长官接受美国顾问凯普隆(Horace Capron)的建议,延请美国农业学家克拉克(William S. Clark)来创办的。札幌农学校后来变成了北海道大学,而驹场农学校则是东京大学农学部的前身。

已和北辰农业学校,1959 年 5 月,农业高中共有 38 所,基本实现了"一个町村一所农校"的目标。1955 年,日本农业高中学校数达到 1 479 所。20 世纪 60 年代,随着经济结构转型加快,农村人口大量向非农产业转移,日本把一部分农业高中作为家庭农场主的培养基地进行重点建设,划拨了土地和资金,用于创办农场和添置农业机械。北海道有 13 所农业高中先后被列入重点扶持的对象,具体如表4-7 所示。

表 4-7　北海道家庭农场主培养指定学校一览表

指定年度	学校名称	指定学科	指定内容
1962	岩见泽农高	农业科	水田地带禽畜养殖
1962	标茶高	畜产科	奶牛饲养
1962	带广农	畜产科	奶牛饲养
1963	俱知安农	酪农科	奶牛饲养
1963	名寄农	酪农科	奶牛饲养与饲料作物种植
1963	旭川农	园艺科	花卉种植
1963	大野农	园艺科	蔬菜栽培与花卉种植
1963	深川农	农业科	大规模养鸡
1964	美幌农	畜产科	猪、家禽饲养
1964	静内高	农业科	规模化养猪
1972	清水高	酪农科	奶牛饲养与饲料作物种植
1973	余市高	园艺科	果树栽培
1973	新十津川	农业科	水稻栽培与肉牛饲养

资料来源:根据日本北海道厅教育科提供的资料整理而成。

客观地讲,农业高中一度发挥了很大作用,为农村输送了大量人才。1965 年,北海道初、高中毕业生回到农村务农的有 7 773 人,其中初中毕业生有 5 890 人,高中毕业生有 1 883 人。由于有大量农业高中毕业生输送到农业生产中,日本农业劳动力素质明显改善,二战后出生的农林渔业从业者学历层次高于战前出生的水平。1979 年,45～49 岁年龄段的农林渔业从业者高中及高中以上学历的比例只有 21.9%,而 30～34 岁的比例上升到 60%。①具体如表 4-8 所示。

表 4-8　日本不同年龄段农林渔业从业者学历层次的比较

%

年龄组	男子			女子		
	初等教育	中等教育	高等教育	初等教育	中等教育	高等教育
50～54 岁	82.5	16.8	0.7	83.0	16.6	0.4
45～49 岁	78.1	20.9	1.0	78.1	21.5	0.2
30～34 岁	40.0	53.1	6.9	42.9	52.8	3.7
25～29 岁	30.1	59.5	10.4	32.5	61.1	6.4

注:初等教育包括小学、初中及未就学者;中等教育包括高级中学、各类高等职业学校;高等教育包括短期大学及大学。

资料来源:根据日本总理府统计局发布的《1979 年就业结构基本调查》第 10 表整理而成。

自 20 世纪 70 年代以来,农业高中生源减少,办学规模萎缩,毕业生就农的比例逐年下降。1968 年,北海道农业高中毕业生人数为 3 919 人。1977 年,毕业生人数下降为 2 807 人,2001 年只有 1 841 人,2009 年又进一步缩减到 1 471 人。与办学规模相比,毕业后直接回乡务农的人数下降幅度更大。1968 年,尚有 2 167 人,占当年北海道农业高中毕业生总数的比例为55%。1977 年,这两个指标分别为 940 人,33.5%;2009 年又进一步减少到 37 人,2.5%。当然,在农业高中毕业生中有一部分人升入农业大学校或到农家研修,日本教育统计中,把他们称为高卒预定就农者,意即将来可能还要到农业上来,其人数也是很

① 日本农林水产省经济局统计情报部:《农家就业动向调查报告书》,农林统计协会,1981 年。

少的,2009年,北海道高卒预定就农者只有138人,占当年北海道农业高中毕业生总数的9.4%。由于生源不足,农业高中学校数减少,北海道除国家重点建设的13所农业高中还维持办学外,其余的被撤并。就是这剩余的13所农业高中,大部分也是名存实亡了,目前,仍在招生的也就两三家。

　　除了农业高中外,日本农业职业院校还包括农业短期大学和农业大学校。短期大学是二战后出现的两年制职业院校,一部分是由旧制大学的预科、专门部等改制而成,也有一部分是新设立的。20世纪70年代,设有农科或农业关联学科的短期大学约有30所,包括单独设置的及与其他学科混合设置的。农业短期大学的毕业生就业去向是农协、农业技术普及所,直接到农业生产一线从事种养业的不多。20世纪80年代,农业技术普及员资格考试门槛提高,农业短期大学出路不看好,生源迅速下降,学校数减少。2009年尚有11所,其中公立4所,私立7所,农业或农业相关学科的在校生约有2 500人,占短期大学在校生总数的不到1%。

　　农业大学校的前身是战前创办的融农业生产、教育及技术推广于一体的农民培训机构。[①]二战后一度成为农业技术普及员的培训场所。20世纪60年代末,在追求高学历的社会氛围下,农业高中走下坡路。为弥补学历教育的不足,日本依托这些培训设施,创办农业大学校,使之承担起培养青年农民的任务。1968年,在东京都多摩市创办了日本唯一直属中央省厅的农业者大学校。1977年,根据新修订的《农业改良促进法》,又陆续

---

　　① 20世纪30年代,在世界性的经济大危机下,日本农业受到冲击,农村经济陷入凋敝。以石黑忠笃、加藤完治为代表的有识之士认为,欲图农村复兴,必先广施农民教育。在佐腾宽治他等人模仿丹麦模式创办的国民高等学校的基础上,日本创办了所谓农民修炼道场,以培养农村能人。比如,财团法人农村更生协会创办的八岳中央农业实践大学校、社团法人农民教育协会创办的鲤渊学园等。

创办了 41 所农业大学校,作为地方农政部门的附属机构。除秋田、富山和福井等少数地方外,基本上一个都道府县有一所这样的学校。农业大学校办学规模小,2010 年合计在校生人数只有 2 700 人。

农业职业教育办学规模缩小,向农业输送劳动力的力量薄弱。在日本新增农业劳动力中,40 岁以下的青壮年比例不大,其中又从学校毕业回乡务农的人数为少,2008 年不到 2 000 人。相反,60 岁以上的老年人返乡务农的人所占的比例却很高。具体数据如表 4-9 所示。日本有人戏称,现在学校毕业生回乡务农的比当医生的人还少。

表 4-9 日本新增务农人员构成一览表

人

年龄	家业继承就农者			雇佣就农者			创业就农者		
	2006 年	2007 年	2008 年	2006 年	2007 年	2008 年	2006 年	2007 年	2008 年
≤39 岁	10 310	9 640	8 320	3 730	4 140	5 530	700	560	580
40~49 岁	7 950	5 210	3 700	980	1 240	1 430	920	260	280
50~59 岁	16 520	14 840	10 900	1 120	1 040	930		460	520
60~64 岁	19 330	18 490	17 080	450	570	380	560	240	340
≥65 岁	18 230	16 240	9 630	230	310	130		220	240
合计	72 350	64 420	49 640	6 510	7 290	8 390	2 180	1 750	1 960

资料来源:根据日本农林水产省网站数据整理而成。

长期以来,人多地少被看作农业现代化的一大障碍,因此,推动农村劳动力转移,缓解人地矛盾,是发展规模农业的必由之路。但是,在农村人口外流的同时,也要注意培养新生劳动力,并把他们及时输送到农业生产一线去,建设老中青搭配合理的农业劳动力梯队,以促进新老交替。日本的经验表明,农业职业教育一定要与农业的实际需要相适应,农业劳动力培养跟不上,农业规模化经营是难以实现的。如何培养新生劳动力是关系到今后日本农业发展的大问题,在这方面,农业职业教育可谓任重道远。

第二节 日本农业职业教育的微观结构

一、个体需求

日本青年人不愿上农业职业院校,或者农业职业院校毕业后也不愿回乡务农,这当中反映出农业职业教育个体需求薄弱。之所以如此,不外乎有这样两个原因。

首先,农业收入低。二战后,随着经济高速增长,表面上看起来,农民收入增长很快,但这主要得益于非农收入的增加,而农业收入增长缓慢,农工之间仍然存在着巨大的收入差距。由于生活条件的改善,农民消费需求扩大,为应付日益膨胀的家庭开支,不得不向非农产业寻找就业机会。

农业收入低是与农业经营规模小分不开的。日本耕地面积少,山地多,小农经济长期占主导地位。虽然战后经济增长带动了农业劳动力大规模转移,但分散的、小规模的农业经营格局并未得到根本改变。1955 年至 2005 年,农业人口减少了近 6 倍,而户均耕地面积只增加了 1.25 倍。这是由日本农业劳动力转移的特殊性决定的,即农业劳动力的外流,一般是采取不完全离开农业的方式,举家离农的少,大多数农户是部分家庭人口外出就业,或临时外出做工,但仍保留小块土地,主要由老人或家庭主妇耕种。其结果是,农业人口大量外流,农户数量却长期保持相对稳定,农业兼业化不断加深。

农户不完全离农的原因是多方面的。一是中老年层人口难以在非农产业找到稳定就业机会,在社会保障不充分的情况下,小块土地对他们而言不失为一种生活保障;二是在工业化过程中,工商业资本为维持低成本竞争优势,压低工资,外出就业农户虽然收入增加,但完全脱离农业,单纯依靠工资生活也是有困难的;三是城市化所引起的地价上涨和购房困难也增强了农民的恋土情节。

受耕作面积的限制,农业经营效益长期在低水平徘徊。农业投资效率低下,农业收入的增加赶不上农业经营费用的上升,农业净收入呈下降的趋势。与农业兼业化相对的是,耕地流转困难,专业农户经营的耕地面积虽然有所扩大,但很难达到适度规模,在过少的土地上花费过多的投入,耕作上很不经济,部分专业农户因投资过大而陷入了高负债。政府的农业补贴政策又没有很好地弥合农工之间的收入差距,重价格补贴政策,轻收入补贴政策,兼业农户和专业农户在享受惠农政策上有平均主义倾向,这在一定程度增加了农民收入,但对改善专业农户的收入状况帮助不大。长期以来,在日本存在这样一个现象,非农收入专业农户的收入赶不上兼业农户的收入,非农收入占家庭收入比例越高的农户平均收入水平越高。这打击了专业农户的生产积极性,加速了农业人才的外流。日本的农业现代化更多地体现在机械普及和农田改良上,而没有形成足够规模的、稳定的专业农民队伍。日本不同类型农户家庭人均收入情况如表4-10所示。

表4-10　日本不同类型农户家庭人均收入

千日元

农户类型	1999年	2000年	2001年	2002年	2003年	平均收入
主业农户	1 824	1 789	1 755	1 832	1 863	1 812
准主业农户	2 094	2 088	2 016	1 976	2 044	2 044
副业农户	2 167	2 154	2 116	2 107	2 081	2 125

资料来源:根据日本农林水产省网站(www. maff. go. jp)提供的数据制作。

在小农经营格局下,农业收入低和农业人口外流形成了恶性循环。因子女外出务工,由老年夫妇或寡居老人承担的"二人农业"或"一人农业"普遍化,农业人口基数虽然大,但农业用工不足的矛盾突出,专业农户用工成本增加,经营风险大,农户开展多种经营和生产合作也受到限制,农产品加工和流通所带来的增值收益很难流入到农民手上,大部分被农协或中间商截留。

20世纪20年代后,农村经济"空洞化",农民增收难度加大。在日元升值压力下,日本国内产业大举向海外转移,农村工业化出现了倒退,农民兼业机会减少,而农业创收空间又不足,农民收入下降,农业上本不充裕的适龄劳动人口加速外流。兼业化虽然有碍于专业农户的发展,但一部分人口亦工亦农,毕竟还能起到缓解家庭季节性用工不足的矛盾。六七十年代,城市中出现了"用工荒",为维持低成本竞争优势,工商企业向农村地区发展,难以转移到城市去的部分农村人口就在家庭附近工作,休假日或农忙时投入农业劳动,以减轻老年人的劳动压力。农村经济的萧条使农民生活陷入困境,由此带来的结果是,不仅专业农户在流失,处于中间层的兼业农户也在大幅度减少,难以转移出去的老年人逐步集中到自给农户行列中。农村人口外流反过来又加深了农村经济的萧条。

日本的人口形势是"少子老龄化",人均寿命延长,老龄化严重,而新生儿出生率低。2011年公布的人口统计资料表明,日本65岁以上人口比例已经达到23%。从长期来看,适龄劳动人口减少,全社会劳动力供应紧张,农业部门与非农部门对青年劳动力的争夺加剧,人口在城乡之间双向流动难以为继。日本农村有长子继承家业的传统,长子从学校毕业后回乡务农,照料双亲,其他子女外出就业。随着农村青年就业机会的增加,这一传统瓦解,农业接班人的主要来源逐步由农村青年学生转变为从城市回流的农村务工人员。随着短期经济的波动,人口在城乡之间双向流动。虽然进城工作的农村人口真正扎根在农业上的不多，一旦就业形势好转，又继续向城市流动，但毕竟在短期内也能起到缓解农业人力的作用。人口老龄化和产业不振使得农村生活条件恶化，青年人连找对象都成了问题，而人口的大量集中却给城市经济带来了活力，再加上有良好的养老、失业等社会保障，不要说是青年学生，就是已进城务工的中老年人也打消了回乡的念头。

其次，青年人存在恶农思想。随着经济的发展，人们过上了舒适的生活，与此同时，怕苦畏劳思想在青年人中蔓延，农业被看成 3K 产业（日语中"危险""肮脏"和"苦累"三个词读音都是以 K 开头，合起来是 3K）。受城市化生活方式影响，农村青少年虽然身在农村，却并不认同农村和农业生活方式，很少参与家庭农业劳动。1977 年，北海道及东北各县农业会议对 4 536 名农家子弟中学生所做的问卷调查显示，以农业为职业志向的学生比例很小，只占回答者总数的 12.8%。60 年代，日本重点建设了一批农业高中，目前大部分因生源减少而不得不关闭。日本农村有长子留在家里继承家业的传统，但是，随着青年人职业选择的自由化，这一乡俗逐渐消亡了。1963 年末，原农林省的调查表明，14 岁以上的长子留在农村的农户比例只有 21%，即便是耕地面积在 1.5 公顷以上的规模经营农家，该比例也只有 56%，其中还有 6% 的农户，长子虽在身边，但从事的是非农产业。[①] 现在日本的情况是，青壮年人一般愿意到大城市中去，鲜有主动到农村和农业上去的，人口在往东京等全国性大都市和地方中心城市集中，农村人口老龄化严重。其后果是，农业劳动力缺口大，城市就业难。特别是 2008 年金融危机爆发之后，大学生就业难现象突出。2010 年，日本大学毕业生中既未就业，

---

① 日本文部省：《产业教育八十年史》，大藏省印刷局，1966 年。

又未升学的人达到十万六千余人，比上年增加了30%。① 甚至出现了没有收入来源，在城市里无所事事的所谓"都市浪人"。这当中折射出了年轻一代职业观的偏差。

随着高等教育的普及，接受普通教育的人多了，上农业高中的人少了。来上的人一般都是学业不佳的，即便是这部分人其心思也大多不在农业上。笔者在北海道岩见泽农业高中调查时，向该校教务长森浩之提出了这样一个问题：相对于在校生人数而言，毕业后直接从事农业的人太少了。既然没有从事农业的打算，为何还有这么多人到这里就读呢？这位教务长的回答是这样的：

> 农业高中学费相对于其他学校要低，农业高中绝对大部分是公立的，是不收学费的。除第一年住校要多花点钱外，总的算来，在农业高中上三年学，比上其他职业学校，家庭负担要轻得多。

> 上什么学不重要，关键看就业去向。在日本就业，拿到职业资格证很重要。很多学生上农业高中，就图这个。从20世纪80年代以来，农业高中学生取得园艺设计技术、土木施工技术、特殊机械操作、危险品处理等这样或那样资格证书的学生迅速增加。学生拿到这些证书，就能在其他行业找到好工作。从取得资格证书的角度来说，上农业高中比上专门学校合算多了。岩见泽附近的家庭一般愿意把升学无望的子女送到这里来就读。

从这段谈话中，可以看出，农业高中的吸引力在于学费低、入学门槛低，更重要的是学生能从这里找到就业出路——当然不是务农的出路。可见，学生就读农业高中的目的不在从事农

---

① http://www.yomiuri.co.jp/kyoiku/news/20100806-OYT8T00266.htm。

业上,农业高中的办学宗旨和个体实际需求发生了错位。

说到人们不愿意干农业的原因,一般都认为是农业收入与其他行业收入上的差距所导致的。但是,从日本的情况来看,这一解释并不具有说服力。据日本农林水产省 2010 年 11 月 5 日公布的《农业经营统计调查》,北海道经营面积在 20 公顷以上的农户平均农业纯收入达到 1 112 万日元,常年从事农业劳动的成员年收入达到 580 万日元。而当年日本工薪阶层平均月工资约 42 万日元,大学生毕业后刚参加工作时的工资水平在 20 万日元左右,工作地点在北海道的不到 20 万日元。就北海道而言,农民的收入水平是不低的。但即便如此,北海道也同样没有逃脱农业人口老龄化、青壮年大量流失的魔咒。所以说,在这里,用农业收入低来解释农业劳动力流失是行不通的。

每当经济不景气时,城市人口就会回流到农村,补充农业劳动力队伍。问题是,回流的人如果不爱农业,这对解决问题很难有多大帮助。正如日本学者山崎亮一指出的,把农业作为缓解城市就业的蓄水池是不对的,在经济形势不好时,把非农部门排挤出来的劳动力回流推到农业上,而在经济形势好的时候,则从农业上抽取劳动力。这种就业模式不尊重人的职业志向,排挤到农业上去的人并非都对农业感兴趣,即便是身在农村,也无所作为,一旦非农就业改善,这部分人就"孔雀东南飞",真正能在农业上扎下根,并把农业经营当作事业来做的不多。所以,他认为,日本的就业政策本质上就是以牺牲农业为代价,这种偏差也是农业陷入困境的原因之一。

农业劳动艰辛,需要多方面的技能,不仅要有生产技术,还要有经营头脑。过去在农协体制下,日本农民专于生产,无须在经营上花费太多的精力。随着农业购销体制的变化,越来越多的农民绕过农协,直接参与市场竞争,为农业发展带来了活力。市场的开放既给农民带来了经营机遇,同时也增添了经营难度和风险。农业技术和经营管理需要在生产实践中经过长期历练方能趋于成熟,在农业上站稳脚跟不能缺少务农热情。如何让青少年认识农业的价值,进而推动更多的人萌发务农志向,是关系到农业接班人培养的大问题。

事实也是,留在农业上的人并非都有工作干劲,其中不少人是以农业作为向国家要补贴的借口,农业上兼业的人多,专业的人少。缺乏企业家精神的农业是没有经营活力的。农业职业教育个体需求的不是单纯的技能传授的问题,而是一个世界观的培养问题。随着农产品消费向精细化方向发展,企业家精神在农业经营上尤其重要,缺少这样素质的劳动力,日本农业谈何竞争力?

二、教育供给

日本农业职业教育的衰败固然是与学生的职业取向发生变化有关系,但在办学方面也是有教训可供吸取的,如职业教育与普通教育相对立,过分强调技能的学习,忽视培养青少年对农业的正确认识和兴趣,技能培养太窄,没有顺应形式变化由升不了学的农村青年扩大到全社会所有有志于农业创业的人中去,学校教育与生产现场脱节等。

(一)职业教育与普通教育相对立

日本过去是不大尊重个人职业选择自主权的,认为国民理所当然地服从国家产业发展的需要。在日本,职业教育又被称为产业教育,在法律文件或有政府背景的出版物中,更常见的是后者,比如,1951 年,日本颁布的一部促进职业教育发展的法律就叫《产业教育振兴法》。为何不用职业教育,而改用产业教育呢? 日本人给出的答案是,"职业"是劳动者个人的事情,而"产业"是国家和社会的事业,以产业教育替代职业教育,意在强调这种教育方式必须服从国民经济发展的需要,劳动者的个人选择和学校的办学必须纳入这个轨道上来,而不是相反。

在产业教育的文脉下,职业教育被限定于专门教育的范畴内。所谓专门教育,就是在学历教育的某一特定阶段,进行教育分流,让一部分升学无望的学生参加技能培训,尽快充实到产业部门中去。这种专门教育把职业教育与普通教育对立起来,普通教育忙升学,职业教育忙升学分流后的劳动力岗前培训,两者是在两个轨道上运行。这种不重视人格培养的教育理论和实践把人一对一地指定到特定的工作岗位上去,不是把人的职业成长作为全过程来看待,使得人们在人生的早期错过了职业世界观的熏陶。

在振兴产业教育的口号下,农业高中得到了空前的重视。日本农业高中大部分是公立的,由都道府县政府直接管理,财政经费全额拨款,中央和地方共同承担。20 世纪 60 年代,一批农业高中得到重点建设。比如,北海道岩见泽农业高中就是首批重点建设的学校。1968 年,北海道下拨给该校 1.5 亿日元,用于购买 4 公顷水田、10 公顷牧草地及一部分农业机械设备。我在实地访问时看到,该校教学设施完善,校内有大型农场,包括水稻田、花卉种植基地、畜禽养殖场。但是,该校教务长无奈地表示,学校目前面临生源危机。看来,国家对教育的投入并不能改善农业生产一线人才贫乏的状况,这里还有一个如何投入的问题。

与我国不同的是,日本的农业职业院校是没有多大自主权的。农业高中的办学被置于政府控制之下。政府教育部门对农业高中的地域布局、学科设置、课程安排、实验、实习设施等都做了严格规定,其规制之多,极为罕见。1965 年,文部省出台的《农业高中调整、充实实施要领》,明确了这样一条原则,农业高中只能办农科专业,单独办校,不得与其他学科混在一起开办。政府对农科的范围做了规定。比如,北海道教育委员会农科专业共有 7 个，分别是农艺、畜产、畜牧、林业、农业土木、园艺、农村家庭生活。在政府的政策轨道上，日本的农业职业院校在办学态度和质量上不存在太大问题，问题是生源少，青少年对当农民没有多大兴趣。所以，有必要打破教育与职业背离的误区，把职业教育从专门教育中摆脱出来，使之贯穿到普通教育中去，及早对青少年进行职业价值观的培养。唯有如此，农业职业教育才能走上健康发展的轨道。

（二）培养对象有局限

长期以来，日本把农业后备劳动力局限于升学无望的农家子弟身上，农业职业教育的任务是对他们进行农业岗前技能培训，以便他们更好地回乡务农。但是，随着经济结构的变化，子承父业式的农业劳动力世代交替的方式过时了。农村青年不愿务农，不少农户后继无人，有来自城市的、各行各业的、不同年龄段的人愿意加入到农业中来。2005 年之前，日本在统计农业新增劳动力数据时，一般有两个指标，一是农村学生毕业后务农的人数，二是从第二、三产业退出回乡务农的农家子弟人数，城市人口到农业上去的人数不在之列。事实上，没有统计，不代表不存在这个事实，且这个数字很可能是逐年增长的，以至于引起政府重视，而从 2006 年开始纳入到官方统计报表中，在当中的新增农业劳动力数据中，可以发现，城市人口务农的人数逐步增长，且到农业企业就业的劳动力中，城市人比农村人多。

况且城乡人口结构发生变化，吸引农村青年务农不足以解决农业接班人危机，日本的城市化出现了难以克服的矛盾，即中心城市人口"过密化"和乡村人口"过疏化"。20 世纪 80 年代后农村产业"空洞化"又进一步加剧了这一矛盾，目前，东京都及周边的 6 个县集中了全国近 30% 的人口。农村青年务农人数在新增农业劳动力中比例下降不能全怪他们不想干农业，也要考虑到农村人口减少的因素。2000 年的统计数据表明，城市人口已经占到总人口的 90% 以上,农村老龄化严重,农户家庭"空巢化",农业内部已经缺乏再生产劳动力的能力。在农业劳动力出现断层危机的背景下,光靠农家子弟来补充农业劳动力队伍是不现实的。据北海道教育委员会产业教育课的官员介绍,2009 年,北海道共有农户 4.5 万户,其中户主在 65 岁以上的占 35%,60 岁以上的占到 50% 以上,户主在 65 岁以上且没有子女继承家业的比例超过 15%,随着高龄农户的逐步退出,现有的农村人口结构难以保证农业劳动力的新老交替。

城市人口向农村和农业部门转移对振兴农业和改善人口空间分布而言倒是一个积极的现象,这种现象过去就存在,只不过没有受到重视。到农业中去的城市人有这样几类:一是各类学历层次的学校毕业生,这部分所占比例不大;二是从其他行业改行的人,包括农村出身回乡继承家业的;三是城市中的退休人员。城市退养人员岁数虽然大一点,但都还有发挥作用的余地。日本山地多,土地零碎,山区和半山区占耕地面积的七成以上,虽然经过多年的农田建设,规模化经营有很大进展,但小规模经营仍占很大比重。与大规模农业相比,小规模农业手工劳动多、收益少,过去农村非农产业发达,小规模农业主要靠兼业农民来维持。随着经济结构的变化,日本出现了产业"空洞化"现象,农村地区非农就业机会很少,靠兼业来维持小农经营难度加大,指望青壮年人死守在农村,在小块土地上谋生,维持不低于日本高水准的社会平均生活水平是不现实的,这部分工作由有退休金的城市中老年人去做也是不得已之举。过去,日本出于对农民的保护,对城市人到农村务农是排斥的。2005 年以来,日本政府的态度发生了改变,陆续出台了一些安置政策,鼓励城市人到农村定居。

随着社会经济的发展,农业劳动力来源发生变化,在日本,务农再也不是出于某种家庭义务,而是出于自主职业选择的需要。有鉴于此,农业职业教育的培养对象也有必要改变。但是,日本农业教育教育及时适应形势的变化,农业职业院校主要招收应届农村毕业生。20 世纪 60 年代,在《农业基本法》颁布之后,把"自立农户"的希望寄托在农业高中毕业生身上。农业高中布局在各个农业区,就近让农家子弟接受农业职业教育,为方便学生入学,曾经采用学制灵活的半工半读的办学形式。但是,随着农业人口的减少,农村青年职业选择多样化,农业高中生源出现了危机。农业大学校也不例外,比如,北海道农业大学校位于十胜平原上的本别町,主要招收农村高中毕业生,为当地从事农畜业的农户培养继承人。在这里就读的学生一边完成学业,一边回家干农活。本别町是一个农村小镇,这 20 年来,人口一直在下降,现在不足万人,老龄化严重。农业大学校也存在生源不足的问题,面临生存危机。不能不说日本农业职业教育衰败是与农业职业院校培养面太狭窄有关系的。

（三）学校教育与生产实际脱节

对那些改行的人而言,他们在职业探索过程中,发现农村生活和农业劳动的价值,找到人生的奋斗目标,对新的职业有热情。北海道大学农业经济学教授坂下明彦认为,现在农业职业成熟期向后推迟了,20～30 岁的人仍然处于摸索过程中,真正在农业职业上稳定下来要到 30 岁之后,指望学校毕业的人直接到农业上去,并安心生产经营是有点不切实际的。所以,那些改行的人是农业部门不可多得的优秀新生劳动力。日本开始扩大农业职业教育的培养面,有关学校纷纷开办面向城市人口的农业技能培训班。但是,这当中有一个问题,即农民家庭出身的人一般对农业劳动有体验,而城市人口体验少。当然,农村生活条件改善后,不要说城市人,即便农民家庭出身的与农业生活方式也有了距离的,虽然他们生活在农村,平时也难有机会参与家庭劳动。培养对象变了,培养方式也要发生改变。

农业职业观念的培养不是课堂上的说教所能达到的,有必要到生产实践中,让学生在劳动中体会农业的价值和农业的生活方式,从中发现这一职业对生活的意义。日本城市化水平高,大部分人从小很少接触农业劳动。二战后初期制定的《学校教育法施行令》规定,日本农村公立中小学除寒暑假外,还安排农忙假,意在让农家子弟回家帮助父母抢收抢种,支援农业生产,取得农业经验。但是,这一制度逐渐流于形式。① 学校教育停留在教书的层面上,很少与生产劳动相结合,学生难以在劳动过程中历练人格。有的青年人向往农村生活,但是下去劳动一段时间后,忍受不了艰苦和枯燥的生活,又跑回城市去了。这说明,与生产现场实感脱离的职业理想是肤浅的,在与实际接触时容易受到挫折。

事实上,日本农业经营难度加大,对农业感兴趣的人光有热情是不够的,有必要在生产实践中加以磨炼,否则是很难适应新的工作岗位的。随着农产品市场逐步开放,日本农业面临新的挑战。20 世纪 80 年代,大米市场放开后,大米价格降了将近一半,在不算政府补贴的情况下,一些专业农户连成本也收不回来。笔者在日期间,正赶上菅直人内阁谋求推动环太平洋自由贸易区(FTA),但此举遭到了农业界人士的强烈抵制,但是,抵制归抵制,农产品全面市场开放恐怕只是时间问题。所以,日本有人说,连专业农户都干不下去,指望外行的人扭转局面是不现实的。这句话也不完全对,外行有热情,关键是怎样提高他们的职业农民素质,而这是脱离不开生产现场的。在山形县鹤冈市创业的一位种植大户来自大阪,生产的大米成本每 60 公斤只有 8 000 日元,只有当地平均水平的 2/3。

---

① 二战后初期日本制定的《学校教育法施行令》规定,除大学以外的公立学校在一学年内可安排四个假期,时间分别在夏季、冬季、学年末以及农忙期间,假期日程由各地教育主管部门根据当地实际确定。

有不少日本学者对农业前景并不悲观,比如,生源寺真一认为,农业在日本并不是夕阳产业,将来可能成为新的经济增长点。他们的看法,还是有道理的。日本农田水利设施完善,环境污染少,农业发展的硬件是具备的,缺点是劳动力跟不上。随着制造业向海外转移,第二产业就业空间缩小,如引导得当,农业人口还是有增长空间的。民主党政府上台后,把农业与老龄护理产业一道列入重点发展的新兴产业。问题是,农业经营毕竟有其自身特点,如何让投身农业的人尽快适应新的工作,这是摆在农业职业教育上的新课题。现在,日本人接受学校教育的年限长,高中入学率在 90% 以上,对想干农业的人进行过多的理论培训显得多余,最好的办法是让他们在生产现场干中学,学中干,这对改进农业职业教育方式和方法提出了要求。2009 年日本农业高中各学科学生数如表 4-11 所示。

表 4-11　2009 年日本农业高中各学科学生数一览表

学科	学生数/人	各科学生占比/%
农艺	19 238	22
园艺	12 210	14
畜牧	3 828	4.7
食品科学	12 590	14.2
农业土木	5 108	5.8
农业机械	1 185	1.3
园林工程	6 647	7.6
林业	3 130	3.6
生活科学	6 722	7.7
农业经济	4 830	5.5
生物工学	3 709	4.2
其他	8 339	9.4
合计	87 636	100

资料来源:根据日本文部科学省网站提供的数据整理而成。

三、国家政策调节

改善农业职业教育结构离不开国家有形之手的调节。日本政府采取了一些措施,促进农业职业教育健康发展,引导优秀人才充实到农业生产一线中去。

(一) 在全社会普及农业职业观教育

农业职业教育首先是农业职业观念的教育,而要扩大农业劳动力队伍,有必要让更多的人认同农业生活方式,激发其在农业上实现自身价值的热情。当前,日本把这项教育覆盖到全社会。

在日本,普通教育与职业教育的界限逐步被打破,农业职业教育已经渗透到中小学,甚至是幼儿教育中。日本文部科学省编写的《学习指导要领》是指导中小学教学工作的政策法规。1998年,新修订的《学习指导要领》明确指出,农业教育不是单纯的技术教育,不应封闭在特定的教育领域,如专门学校内,而应该贯穿在教育过程的各个阶段、各个方面,以加深全社会,特别是青少年对农业和农村的理解,使之形成正确的人生观和职业观。2002年起,初等教育在综合学习课程安排上必须加上农业教育的内容。2003年开始,除农业高中外,普通高中也应开设农业理论和实践课程。

日本城市化率很高,农村人口比例少,很多日本人对农业劳动很陌生。为了培养国民对农业的兴趣和职业观念,日本开展"食农教育",以增强粮食消费人口对农业生产的理解,缩短吃饭现场和农业生产现场之间的距离,为此专门制定了《食农教育法》,并于2005年7月实施。"食农教育"已经渗透到中小学教育中。日本中小学介绍农业知识的课程有四种,分别是理科、社会科、家庭科和生活科。理科部分有作物栽培,家庭科有食品加工,而社会科则向学生普及有关农业社会、经济方面的知识,生活科介绍食品储存和调理知识。东京书籍株式会社发行的小学社会科教科书中介绍农林渔业的页面数所占的比例不小，小学三年级的教科书有 140 页，其中有关农林渔业方面的占到 32 页，比例为 23%。

2002 年，在修订《学校教育法施行令》时，有关农忙假的规定仍然保留着。[①] 各地教育部门认为，中小学有关农业的教育不能停留在抽象知识的传授上，而有必要让学生参加劳动，实际感受农业。在农忙假期间，中小学组织学生参加农业修学旅行，体验农业生活。

女儿跟随我在北海道生活了半年，并在札幌北九条小学学习了一学期，从她在学校的学习和生活细节中，处处可见"食农教育"的印记。女儿有一门社会课，翻开课本，里面有近 1/3 的篇幅介绍日本的农业，如日本农业自给率、日本大米的品种及产地、农时与气候的关系、日本不同地区的特色农业等。在她们的课程安排上，社会课不是作为副课来上的，而是与国语、算学一样对待，其考试成绩作为评定学生在校学习表现的依据之一。日本中小学生中午一律在学校就餐，这一顿饭也是纳入到贯彻"食农教育"的环节中。日本专门制定了《学校给食法》，就这顿饭的制作流程、经费来源、监管制度等做了详细规定。在 2009 年，该法加上了这样一条内容，即通过这顿饭，使学生们养成对农业的正确理解和恰当的判断能力。据学校负责人介绍，这顿饭所用原料基本是本地生产的，面包是由北海道生产的强力小麦做的，大米是北海道的今年刚推出的新品种。学校聘请农业专家和农民跟学生介绍他们在学校所吃食物的原料生产过程，加深他们对本乡本土农业的了解。2005 年，北海道出台政策，

---

① 二战后初期日本制定的《学校教育法施行令》规定，日本农村公立中小学除寒暑假外，还安排农忙假，意在让农家子弟回家帮助父母抢收抢种，支援农业生产，取得农业经验。

鼓励农业专家到学校去讲课,农业试验场接受中小学生体验农业,政府对相关活动给予财政资助。学校的饭很好吃,女儿第一次吃就喜欢上了,中午添了两碗饭,都吃撑着了。我也接触了几个华侨家的小孩,他们也都说喜欢吃学校的饭。饭也不贵,每天算下来,家长只要花 150 日元左右,大学食堂的一顿饭没有六七百日元是很难吃饱的。国家对这顿饭是有财政补贴的,从中可以体会到日本培养青少年农业观念的良苦用心。

学生也不只是在书本和饭碗里认识农业,学校还把他们拉到农田去亲身体验。初夏的插秧,女儿没能参加,但是 10 月份的收割是赶上了。为此,笔者也跟着忙了一阵子,给女儿买下田的胶鞋、工作手套和围在脖子上擦汗的毛巾。据女儿讲,收割的稻子正是她们班同学上半年栽的,当他们看到自己种的秧苗变成了沉甸甸的稻穗,一种从未有过的成就感油然而生。女儿劳动回来后,虽然累一点,但很兴奋。不难看出,当前,日本在培养青少年的农业观念上可谓细致入微。

日本还注意培养农家子弟从事农业的自豪感。暑假期间,北海道的农协安排所在地域的中学生到东京超级市场宣传本地农业特产,听取顾客的评价,从而在吃饭现场亲身感受当地农业的魅力,培养对农业的感情。

从 1998 年开始,日本陆续在各地开设了 47 所就农预备校。这是让社会人士体验农业的场所,凡是对农业感兴趣的社会人士自愿报名参加。这样的课程一般由农业大学校或民办的农业研修机构来担当,上课时间比较灵活,一般安排在节假日。学费不贵,财政对开办这样的课程给予资助。北海道农业专门学校办有这样的课程,一般安排在每年八九月份,每个星期六、星期日连上两天,学费 3 000 日元。上午学一个小时理论,剩下的就是到田里劳动实习。据该校教务长高林透讲,学员主要是札幌市民,老少皆有,开着车子过来,受名额限制,每年都有人报不上名。不少城市人通过就农预备校，对农业产生了兴趣，有部分经过农业大学校深造，或到农家研修，当上了农民。这两年经济形势不景气，不少提前退职的公司职员在这里找到了务农的乐趣，学到了技能，一部分人到农村去开发弃耕的农田，搞有机农业，居然搞得有声有色。

面向全社会农业职业观的教育已经产生了很好的效果。据统计，2010年，城市人到农业中就业的人数超过农家子弟回乡务农的人数。高林透向我介绍，他每年到东京和大阪招生，不少城市青年自愿跑到边远的北海道来，接受农业技能训练，并在这里扎下根来，从事农业生产。

（二）倡导"实学教育"

"实学教育"就是在生产劳动中培养学生的农业观念和技能，学中干，干中学，其最早可以追溯到二战前。在日本，早期的农业职业教育存在很大的缺陷，偏重于书本知识的灌输，学生动嘴不动手，实践能力差，浮于上层，下不到农业生产一线去。在1929年的世界经济大危机下，日本农业遭受打击。不少有识之士，如农业职业教育专家加藤完治，认为拯救农业首要在于培养农民领头人，农业职业教育要从偏重知识传授中解放出来，注重实践，学以致用。为此，他们另辟蹊径，创办了讲求实学的农业学校，如国民高等学校。这些学校的办学风格也带动了官办学校的转变，"实学教育"的理念和实践一直延续到今天。①

我参观了北海道农业专门学校，感触很深。这个学校位于北海道首府札幌市区，去的途中穿越繁华的街道和钢筋混凝土建筑，快到的时候，忽然眼前变得开阔起来，一片辽阔的原野呈现在眼前，远远地就看见玉米地、牛舍，如果没有人引领，很难发

---

① 当时的农业职业教育为军国主义所利用，有的学校，如八纮学园（北海道农业专门学校前身）曾组织学生在中国东北屯田，在侵华战争中发挥了不光彩的作用。

现教学、办公楼在哪里，这里更像乡村。学校有78公顷土地，靠路边的地方是农机修理所、奶牛养殖场、农产品加工厂、直销中心及2层教学楼，这些建筑体量都不大，旁边还有蔬菜、鲜花温室大棚，与后面的广袤的田野相比，这些设施偏居一隅，并不起眼。除了玉米地外，还长着土豆、南瓜和小麦，田间是高耸的白杨林道，坡上长着唐菖蒲和薰衣草，一片一片，伸展到远方，其间有溪流，并点缀着一两座凉亭，显然这是精心设计的农业景观。我来的时候晚了，花已谢了，据介绍，7月中旬，唐菖蒲花盛开的时候，吸引了大量游客。我问，学校位于市区，为何不搞房地产开发，陪同笔者参观的学校教务长对笔者的提问颇不理解，反问道，那样学生和周围的市民到哪里去学习农业技术呢？

该校的特色是教学以实践为中心，强调实践教学、师弟同行和共同生活。这个学校主要招收高中文化程度的学生，学制两年。学校的教学是根据农时来安排的，北海道位于寒冷地带，4月到11月是农作物生长季节，11月份，农田便被大雪覆盖，农闲季节来临了。学校课程随农时而定，主要有两部分，一部分是在室外进行，一部分在室内进行。在农时，学生是不进教室的，每天分派任务后，直接到田里劳动，只有农闲时，课堂才搬到教室里。我在参观途中，不时可以看见学生驾驶着大型农用机穿行在林道中，学生穿着高帮胶鞋和作业服弯着腰在采摘。据介绍，入学第一年，学校是不安排学生操作农业机械的，而是让他们手工劳动，学生刚开始还不适应，劳动一天晚上回到宿舍腰酸背痛，时间一长就适应了，找到农业劳动的感觉了。到了冬闲季节，学生坐到教室里来上理论课，这里的理论课不是照本宣科，而是联系生产实践来进行。教师是从外面请的有实践经验的专家或种养能手，笔者看了一下专家名单，大部分来自附近的中央农业试验场，有搞土壤的，有搞昆虫的。课堂教学也不只是老师讲、学生听，大约有一半时间还是让学生自己操作、做实验。学校还尝试让学生到饭店与厨师共同探讨不同种植方法对蔬菜瓜果口感、味觉的影响，让他们熟悉从生产现场到烹饪现场的全部过程。

学生的作息时间也是跟农时走的，日出而作，日落而息。5月到9月，白天时间长，早上5点起床，5点15分到田里上早工，6点半结束，吃过早饭后，7点半开始继续工作，下午5点收工。10月份到来年4月，早上改为6点半起床，下午4点半收工。跟我老家农民有点不同的是这里下午收工稍微早一点，这是因为北海道下午天黑得早。我问学校教务长，来的都是年纪轻轻的小伙子，一大早起得来吗？他说，开始不适应，得要宿舍管理人员拖起来，时间长了，养成习惯就好了，当农民就得有农民样儿，农民精神和生活方式也是农业职业教育的一部分。

师生同行也是这里的办学特色，老师与学生同劳动，在共同劳动中，互相切磋农业技艺。参观过程中，笔者产生了这样的疑虑：一年中，有一大半时间，学生整天在田地里劳动，那这里的老师在干什么呢？学生这样能学到东西吗？假如老师坐在办公室，学生光在烈日下劳动，学不到啥技能，不是有当作苦力的嫌疑吗？但是在田里转了一圈后，这样的疑虑很快就被打消了。在蔬菜地附近，我看到一个农民模样打扮的中年人，背着筐，手里拿着锄头，脖子上围着毛巾，脚蹬胶鞋，我以为是工友。陪同我参观的教务主任告诉我，他是园艺系主任。不远处，又碰到一个人，推着水车，年纪大一点，农民的穿着打扮，但是细一看，戴着眼镜，知识分子的风度。据介绍，这也是学校的老师。教务主任跟我说，学校的特色除了讲求实践教学外，还有一条是老师与学生一起劳动，在劳动中共同学习。这有两个方面的作用，一是培养学生劳动的思想观念。现在社会，体力劳动少，脑力劳动多了，人们从事体力劳动的观念淡薄了。而农业劳动是与自然界做斗争，虽然技术发达了，但还是很艰苦的，热爱农业首先要热爱劳动。老师作为知识分子，主动放下架子，率先垂范，起到言传身教的作用。学生们有很多是大城市过来的，入学以前没吃过啥苦，到这里来了之后，很快就适应了，每天起早贪黑，完成了由小知识分子向农民的转变；二是干中学，学中干。每年在教室里授课时间不长，只有两三个月，但是学生们学的课程可不少，大部分课程是在劳动现场完成的。跟学生一起劳动的，都是学校的专职教师，据介绍，这些老师大部分是农科专业的大学生，有多年农业生产经验，有几位曾经营过家庭农场。每个科目的老师带着教学任务参加劳动，比如，园艺学专业的八锹老师负责植物的形态观察，土壤改良学的志贺老师负责土层观察，植物病理学的四方老师负责蔬菜和花卉的病原菌观察。每天到地里上工之前，老师做一番讲解；劳动过程中，老师随时给予点拨、启发；休息时间，师生坐在田边交流思想。学生在日常劳动中，一点一滴体会动植物的细微变化，像科学家一样，每天都有发现和心得。在田边，不时可以看到，一块块小木牌插在地上，上面标示着所在地块的土壤理化数据。日本人的办事精细由此可见一斑。在与同学交流时，同学们说，这样劳动虽然苦一点，但有乐趣，心里很充实。

农业劳动既具有独立性，同时又离不开农户之间及地域内的相互合作。农业经营的好坏是与农业组织化程度分不开的。日本的农业职业教育把培养学生的协作精神和领导能力作为主要内容，在共同生活中，付诸行动。笔者在北海道农业专门学校走访期间，对此有亲身感受。学校采用农协的生产经营体制，整个学校就是一个大农协，下面有若干生产部会，有蔬菜部会、果树部会、选果场、加工流通中心等，各个部会实行专业化经营。在这一体制中，学生在其中发挥主人翁作用，不同部会之间的事务协调由他们自主完成。如果说学校是一个农业地域，这个地域内多样化的农业实现了良性循环，养殖场的副产品——动物粪便和饲料发酵残渣变成堆肥还田,大田作物——玉米制成青贮饲料,地域农业合作催生出了有机农业。我感到这一体制不仅是一种实践,更是一种习惯和精神。每天的劳动分工由学生自己商定,上早工前,每个作业班组的学生在教学楼前集合,由领头的学生分派任务和作业要领。学生们步调一致,劳动过程中偷懒和扯皮现象少见。笔者的女儿在北海道插班上小学,本以为是新来的要被排斥,不想其他孩子处处帮着她,每当她学会一个日语单词,同学们兴奋地去报告老师,就像自己取得了进步。日本的公立小学不提倡竞争,考试不报成绩,不排名次,而是强调团结协作,共同生活。协作精神这一农业职业教育内容在幼年时期就开始培育了。

农业职业教育讲求实学不是北海道农业专门学校独有的现象,在日本,在北海道,你都可以感受到。笔者去过岩见泽农业高中、北海道农业大学校、岩手县盛冈农业高中和农业者大学校。比如,北海道岩见泽农业高中,这个学校位于石狩平原西部,1968 年,被指定为培养种养能手的重点农业高中,学校教学楼四周有水稻田、养殖场和果蔬园艺场。大部分学生虽然家就在附近,但学校规定,第一年必须住校,体验农村、农业生活。学校的课程安排是,半天劳动,半天文化课。该校培育的新品种牛曾经获得过日本农林水产省的嘉奖;在北海道农业大学校,除去日常农业劳动外,学生还要经常参加野外拉练。据说,这是为了培养学生吃苦耐劳的精神和坚韧的毅力,以适应将来繁重的农业劳动。

(三)建立新务农人员政策支持体系

为促进农地向有志于农业的后备劳动力流转,日本改革土地政策,多次修改《农地法》,加快农地集中,促进农地向有干劲、有能力的种田能手转移。最近的一次修订是在 2009 年进行的,这次修订从根本否定了 1952 年《农地法》所确定的耕作主义原则,为全面推进土地集中经营铺平了道路。修订后的《农地法》建立了农地保有合理化法人制度,赋予农协和具有政府色彩的农业开发公社担当农地买卖、租赁中介的特权,对于撂荒的土地,农协或农业开发公社有权接管,并通过协商换地等手段,把农地集中起来,转售或转租;农协或农业开发公社在接管农地期间,可以申请政策性资金,进行农田基本建设,完善水利基础设施;延长农地租赁时间,政府不再制定统一的地租标准,改由农地流转双方根据市场行情自行议定;对于老龄化严重且缺乏专业农户的村落,按照所有权和经营权分离的原则,以土地入股的形式,把整个村落乃至数个村落的土地集中连片租赁给农业生产大户经营;利用农业生产结构调整的契机,压缩水稻种植面积,腾出土地集中经营市场缺口大的农作物品种。2011年提出把推进农业规模化经营作为吸引青年人务农的突破口,在今后5年内彻底改变土地零碎经营格局,在水田地带,单个农户或农业企业经营规模达到20~30公顷,在山区和半山区达到10~30公顷。

对加入农业经营的新务农人员给予资金支持。2005年,国家设立了就农支援融资制度。根据这项制度,18周岁以上、55岁以下的新务农人员经政府认定后,可以获得长期无息贷款,用于研修期间的学费和生活开支,农业经营筹备期间相关调研活动支出、生产设施和生活用品的添置。农业改良资金、农业近代化资金、农林渔业公库资金等也推出了相关政策融资项目,为新务农人员推广先进农业技术和扩大土地种植规模提供资金支持。除国家的政策资金外,各地方政府乃至农协也推出了各种资金扶持措施。比如,北海道美深町位于北海道天盐川流域,土地平坦、肥沃,水稻种植业、畜牧业发达,有耕地面积5 088公顷,245户农户,户均耕地近21公顷。近年来,劳动力不足困扰当地农业发展,当地政府为吸引人才,推出了各种优惠措施。如帮助联系研修学校、见习农家，提供政策性住房，给予各种资助。2011 年日本出台政策，对 45 岁以下的新务农人员提供为期 5 年、每年 150 万日元的收入补助。

推动农业法人化，试图以农业企业为载体，吸纳新务农人员。1992 年，日本为制定新的农业基本法，出台了一份题为《食品、农业和农村的新方向》的纲领性文件，第一次提出培育"村落农业经营体"的政策主张。根据日本农业会议所的解释，所谓"村落农业经营体"，就是"在一个或数个自然村范围内，农户在自愿的基础上，以农地集团使用为纽带，通过农业生产要素的整合而成立的法人实体"。从新政策的意图来看，村落农业组织"法人化"就是要使之从村民的外部协作组织转化为内部经营一体化的企业实体，克服专业农户难以吸收家庭成员以外的劳动力的弊端，实现农业劳动力在全社会范围内配置。除了加快村落内部农业组织化外，日本还破除了农外资本进入农业的限制，以加快农业企业化步伐，改善农业生产条件，以此带动青年人到农业上去。2005 年，日本开始试点在某些撂荒严重地区引入农外资本从事农地经营，2009 年修订的《农地法》则把农外资本经营农业的地域扩大到所有农业地区。

目前日本所讲的农业法人有三层含义，一是农事组合法人，这是 1963 年颁布的农协法上的提法，类似于我国的农村经济合作社。二是农业生产法人，这是《农地法》中规定的具有拥有农地或草场的所有权、使用权和收益权的经营实体。三是民法意义上的法人，这是具有独立法律主体地位的有限公司、股份公司等企业实体。村落农业组织的最终目标是过渡到具有独立法律地位的企业实体，按照新政策所描绘的景象是，"突破家庭经营或地域合作经营的更高水平的经营形态"。具体来说，农业组织法人化最终要达到这样几个目标：第一，采取有限公司或股份公司的形式，打破土地、劳动力、资本等要素的地域限制，在全社会范围内配置;第二,实行独立核算,自负盈亏,照章纳税;第三,实行现代企业的治理结构,从业人员专职化,享有与其他行业人员同等的作息时间和休假制度,收入水平不低于社会平均的工资水平。根据政府的设想,如达到上述目标,农业法人有可能成为吸引青年人务农的新去向。目前,这一构想正在变成现实,新务农人员结构出现了改善的趋势,农业企业成为扩大农业就业的主要渠道,由2006年至2010年,40岁以下的新务农人员所占比例由18%上升到24%,在历年新务农人员数量徘徊不前,甚至有所下降的情况下,受雇于农业企业的新务农人员却由6 500人增加到8 000人。

(四) 确保办学财政投入和政策指导

日本农业职业教育不是走产业化、市场化路子,而是带有指令性计划的色彩,政府在确保资金投入的同时,加强管理,使之服务于国家的农业政策。

在北海道访问期间,笔者发现,这里的农业职业院校在校生人数都很少。这在国内就有所耳闻,江苏省内一位农校负责人给我讲了这样一件事,一位日本同行到访时,当听说该校在校生1万多人,怀疑自己听错了,又问了一遍,得到确认后,非常吃惊,因为在日本,农业职业院校很少有在校生超过1 000人的。笔者在北海道之行中深有感触。据介绍,北海道农业专门学校招生人数为35人,学制两年,在校生规模在70人以内。2010年9月,该校实际在校生人数为68人。北海道农业大学校在校生规模也很小,北海道农政部发布的财政预算报告透露了其办学规模方面的信息:该校有三种办学形式,一是养成课程班,这是以农场实习为中心,培养当地农家子弟生产技能,学制两年,分畜产和园艺两个专业,各招60人;二是研究课程班,这主要是面向养成课程班毕业生的,学制一年,每届招收10人,其余还有短期培训班,通算下来,该校常年在校生人数不超过130人。岩见泽农业高中共有 7 个专业,每个专业一个班,每个班核定 40 人,2009 年 4 月 9 日的统计数字,该校共有在校生 813 人,其中女生 347 人。岩见泽农业高中是北海道重点建设的中等农业学校,在校生规模是北海道同类学校中最大的。带广农校每届只有 6 个班,其中一个班是定时制,每个班也是招 40 人,规模比岩见泽还要小。北海道是日本传统的农业区,农业职业院校办学规模尚且如此,其他地区可想而知。

农业职业院校需要配备实习设施,投入不菲的实验经费,与普通学校相比,生均办学经费要高得多。在日本,农业职业院校收费很低,农业高中是不收学费的,学生只需要交纳书本费、服装费等杂费,上农业大学校是要交学费的,拿北海道农业大学校的情况来说,一年交 11.8 万日元,北海道农业专门学校的学费是 12 万一年,这是不高的,国立、公立短期大学及其他专业的专门学校一年的学费一般要 50 万日元以上。学费低,开支大,招生规模又小,如此办学仅靠学费收入是难以为继的。

根据笔者的调查,这些学校的管理费来源有这些:一是学校经营性收入,二是政府拨款,三是学生学杂费收入。公立经营收入主要是学校农场收入,列入政府预算范畴,收入支出实行两条线管理。北海道农业职业院校主要是以政府办学为主。农业高中全部是公立的,办学日常经费由政府负责,学校不用操心。农业高中虽然是在小区域内办学,但财政经费主要是北海道道政府统筹,道内现有的 28 所农业高中,有 19 所是道立学校,办学经费由道政府负责,另有 9 所归市町村一级政府负责。道立学校基本上覆盖了道内的几个主要农业区,市町村立学校只是补充,市町村办学可以得到来自道政府的财政转移支付。北海道的农业经济比重大,教育经费说是道政府负责,其实,有很大一部分是中央以地方交付税等形式供给的,道财政提供相应的配套资金。按规定,公立中小学教师是公务员,工资全部由财政列支;学校的基础设施建设主要是由财政拨款或通过社会捐助来筹措资金的。岩见泽农业学校校史中记载,1907年,该校创建时,当时的岩见泽村出资2万日元,道出资约1.2万日元。

农业高中办学经费除了靠公共投入外,还有一大来源就是农场经营收入。日本农业职业院校的一个鲜明的特征是,山林和农田面积很大。本来以为这是北海道特有的现象,后来发现,在人口密集、土地紧张的本州也是如此,比如,岩手县盛冈农业高中校园面积为42万平方米,其中农场面积达到20万平方米,山林面积有12万平方米,农场面积和山林面积折合32公顷,占了校园面积的一大半。盛冈农业高中并非个案,在日本,无论是农业高中,还是农业大学校,抑或是农业短大,农场面积都在几十公顷以上,多的有好几百公顷。农场土地大部分是政府划拨的,日本对创办农业职业院校历来很重视。明治时期,岩见泽农业学校成立时,政府划拨32公顷土地,其中有28公顷是实习农场用地。二战刚结束,政府把大量闲置的部队用地划拨出来,兴办农业学校。俱知安农业学校就是在军马场上建起来的,该校农场地域广阔,有旱田50公顷,山林183公顷。标茶农业学校也是利用军事用地建起来的。在日本,农业学校农场用地是单独管理的,学校无权自由支配,非经许可不能挪作他用。

学校农场在会计核算上,分两部分,一部分是基础实习农场,另一部分是经营农场。基础实习农场一般是不产生收益的,相反需要投入,比如,牛体解剖实验就是在基础实习农场进行的。日本对职业院校学生实验实习场地和经费有要求的,比如,1961年出版的《北海道农业教育研究会研究论丛1960》就详细列出了农业高中农场不同种养品种的合理规模和标准实习实验费,比如,岩见泽农业高中畜牧实习农场的饲料种植面积为10公顷,大家畜8头,一个学生一年的实习费用为5 843日元。基础实习费用除靠政府资助外,还有就是由经营农场的收益来补贴。

农林部门办的农业大学校在法律上是独立行政法人,是吃"皇粮"的。与公立的农业高中一样,教师工资和学校运营管理是由政府全额拨款,学校财务上实行收支"两条线",所办农场收入和学生学杂费全部上缴。从本质上说,农业大学校是行政的一部分,自身没有独立性。2009 年,北海道农业大学校管理费预算额为 2.74 亿日元,其中北海道地方负担 2.25 亿日元,余下的一小部分由中央财政负担。政府给农业大学校的任务是两个,一是培养农业后备劳动力,二是为农业经营者提供继续教育。2009—2010 年北海道立农业大学运营管理费预算如表 4-12 所示。

表 4-12　2009 年—2010 年北海道立农业大学校运营管理费预算表

亿日元

项目	2009 年	2010 年
维持管理费	227 633 （190 742）	223 412 （185 020）
一般运营费	31 333 （21 172）	30 698 （20 537）
农机养护费	7 759 （7 759）	7 512 （7 512）
设施维护费	5 599 （5 599）	5 599 （5 599）
非正式人员劳务费	6 328 （6 328）	6 795 （6 795）
合计	278 652 （231 600）	274 016 （225 463）

资料来源:根据北海道农政局网站数据整理而成(括号内部分为北海道地方财政支出额)。

北海道农业专门学校是私立院校,虽说是私立,但牟利色彩很淡,甚至可以说是带着宗教般的情怀在办公益事业。不仅这个学校是这样,日本其余几所民办农业专门学校也是如此。它们一般都是有社会背景的,如八岳中央农业实践大学校是财团法人农村更生协会所办,鲤渊学园是社团法人农民教育协会所办。当初的创办者或多或少都带有官方背景,如八岳中央农业实践大学校(初创时名称为八岳中央农业修炼农场)首任校长石黑忠笃就是卸任的农林大臣。北海道农业专门学校的创始人栗林元二郎也是一个传奇人物,他出身于秋田县贫穷农家,在青年时代,率领同乡 80 人到北海道十胜屯垦,获得成功,得到了政府的嘉奖。他认为,北海道开发需要培养具有实践能力的富有朝气的青年人。他的想法得到了北海道厅长官池田、拓殖银行总裁松本头取及学者佐藤昌介、南鹰次郎等人的支持。20 世纪30 年代前后,日本倡导兴办农民教育,以摆脱农业和农村危机的局面,这些所谓民办学校借此取得了大片土地和林产。1933年,北海道农业专门学校就在札幌东南边的一个叫月寒的地方,低价购得 113 公顷土地。1965 年,又在日高山区取得了 130 公顷土地,建起了第二实习农场。这些学校首先是一个农场,其次才是学校,他们是靠农场来养教育。从前文我们不难看出,北海道农业专门学校办学质量是不错的,收的学杂费也不高。该校教务长告诉我,这主要得益于农场经营收入,学生在农场劳动,农场收入除了用于学校办学经费外,还有一部分贴补学生食宿开支。该校包学生住宿、吃饭,一年合计每人 33 万日元,平均一天大约 1 000 日元,相比在北海道大学食堂吃一顿饭花六七百日元,这里的食宿费是便宜的。民办学校也是有财政资助的。1951 年颁布的产业教育振兴法,以及后来为落实该法出台的实施细则,明确了私立学校在添置实习、实验设施时,与公立学校一样,能够得到政府的补贴。

日本农业职业院校专业设置没有脱离"为农服务"的轨道。日本农业职业教育专业划分有这样几个特点,一是粗,二是扣紧农业种养业(根据不同地域特点),三是分工不分家,四是专,归结起来就是专业划分是围绕培养后备农民展开的。从中可见，日本对农业职业教育办学管控之严。

一是粗。不管是农业高中还是农业专门学校，一般只有几个专业。比如，北海道农业专门学校有 4 个专业，分别是花卉、果树、蔬菜和畜牧。岩见泽农业高中稍微多一点，共有 7 个专业，分别是农业科学科、畜产科学科、食品科学科、生活科学科、农业土木工学科、环境造园科和森林科学科。

二是紧扣农业种养业。这些专业有一个共同特点即紧扣农业种养业，并没有把所谓大农业的科目装到这个框里来。农业科学科和畜产科学科自不必说，食品科学科、生活科学科和农业土木科等也是如此。食品科学科是培养农畜产品的加工、贮藏、品质管理方面的人才。在岩见泽农业高中，食品科学科备有屠宰场和奶牛卫生检测设备，该专业学生深入到养殖现场，观察饲养过程中肉牛品质的变化。生活科学科是针对女生的，其目标是培养农村家庭主妇，个体农民的特点是生活与生产不分家，说是生活科学科，其实大部分课程是与农业经营相关的，如作物栽培、农业簿记等。农业土木工学科不是泛泛地教授建筑知识，而是侧重于农业设施的营造，如巧妙利用温泉资源的地热温室等。

三是分工不分家。日本的农业职业教育首先是全科教育，专业之间没有截然的界限。北海道农业专门学校学生在入学第一年，要到各个生产环节上体验，既要耕大田，同时也要会修机器，饲养奶牛。学校没有专门设农业经济管理专业，但每个专业的学生都能体验经营管理上的事情。学校设有直销部，每个礼拜有四天时间对外营业，刚采摘的果菜、屠宰的肉牛和新加工的奶制品都拿到这里来销售，大量市民前来采购。目前，直销部经营扩大了，札幌周边的农家和农协也把农产品送过来销售。直销部主要由学生负责经营，学生轮流到这里销售自己的劳动果实，听取市场反应，寻找经营的感觉。

四是专。日本农业职业教育除了要求学生具备综合能力外,还注重培养学生的专门才能。北海道农业专门学校规定,学生在两年的学习中,可以根据自己的兴趣,钻研一个小课题。我看了一下,学生们定的课题,具体且有很强的实用性,如一个学生研究的题目是利用杨梅残渣所制鸡饲料对鸡肉口感及生产成本的影响。学生带着问题学习理论知识,参加劳动实践,既能触发就学兴趣,又能培育自主创造能力。

目前,日本政府推出的各项举措虽然有的已经看到成效,但总的来说,还不是很大,愿意投身农业、接受农业职业教育的人还不是很多。改善农业职业教育所处的困境非一朝一夕之事,正如北海道农业专门学校的教务长高林透所言,一点一点地来,只要守着目标不放手,终有一天会有大的变化。

信州农协扶持新务农人员

南信州农协位于长野县南部,业务范围包括1市3町10村(饭田市、松川町、高森町、阿南町、阿智村、平谷村、根羽村、下条村、壳木村、天龙村、泰阜村、乔木村、丰丘村、大鹿村),耕地面积8 650公顷,人口175 523人,户数58 032户。天龙川流过该区域中心地带,两岸冈峦起伏,适合多种农作物生长,形成了林果、花卉、蔬菜、水稻、畜牧、松茸等特色农业。1997年,南信州农协由下伊那地域的6个农协合并而成现有18 867个正组合员(其中个人有18 814人)、10 938个准组合员(其中个人有10 692人),合计29 805个组合员,2001年销售额有153亿日元。

近年来,该地域人口老龄化,农业继承人不足,"谁来种田"的问题突出。从1990年至2005年,农户数急剧减少,总农户数由6 205户减少到4 980户,从事商品农业的农户数由4 181户减少到2 676户,降幅分别为20%和36%,在常年从事农业劳动的劳动力中65岁以上的比例由54.9%上升到68.2%。农业劳动力严重短缺使得农业衰落,南信州农协的销售额与合并之初相比下降了40%。

2006 年,南信州农协开始与地方行政当局合作共同推进吸收新务农人员的工作。县农业技术普及中心为新务农人员落户、流转土地牵线搭桥,农协负责技术指导和机械设备配备。农协内部成立了新务农人员办公室,专门安排了女性农技员,农技员细致的指导赢得了新务农人员的信赖。

具体地说,农协对新务农人员的支援措施包括三方面的内容:一是向新务农人员传授经营和种植技术,安排他们到种田大户家中见习,对接受新务农人员上门研修的农户每月补助 5 万日元;二是对新务农人员购置机械设备、租赁耕地给予资助;三是对新务农人员从农协购买农业生产资料提供补贴。

享受生产资料购买补贴的对象是经过一年以上农业研修且从事农业劳动未满一年的新务农人员,包括大中专毕业生、进城回乡人员和城市下乡人员等,不包括退休返乡人员,进城回乡人员必须以农业收入为生活来源、年龄在 50 岁以下。其目的是帮助青壮年劳动力尽快在农业上扎根。补贴的内容包括:新务农人员从农协购买农药、种苗、肥料及其他农资可享受 2/3 价款的补贴,城市下乡人员最高可享受 150 万日元的生活补贴,农村大中专毕业生 20 万日元。自补助制度实施之后,南信州农协管区内平均每年有 20 名新务农人员接受资助,2006 年补助金额总计为 880 万日元。南信州新务农人员农资补贴情况如表 4-13 所示。

表 4-13　南信州新务农人员农资补贴情况一览表

年份		2006	2007	2008	2009	2010	2011
人数/人	农村回乡人员	21	8	23	28	20	10
	城市下乡人员	5	6	2	1	5	4
	合计	26	14	25	29	25	14
金额/万日元	农村回乡人员	372.1	129.8	419.6	442.8	347.2	189.4
	城市下乡人员	507.9	426.9	300.0	56.2	232.8	402.0
	合计	880.0	556.7	719.6	499.0	580.0	582.0

资料来源:南信州农协提供。

在南信州农协的支援之下,每年新增务农人员有20人左右,2009年达到31人,2010年农村大中专毕业生和城市下乡人员各占1/4,进城回乡人员占1/2,如表4-14所示。从经营内容来看,新务农人员多从事特色农业。下伊那农业技术普及中心提供的数据(见表4-15)表明,2010年5月至2011年5月期间新务农人员中,从事蔬菜种植的占到45%,其他的集中在果树栽培、菇类花卉、畜牧及多种经营上。

表4-14　下伊那地区40岁以下新务农人员变动表

人

年份	大中专毕业生	进城回乡人员	城市下乡人员	合计
2006	6	14	0	20
2007		8	7	15
2008	6	14	2	22
2009	5	21	5	31
2010	6	12	6	24

资料来源:根据下伊那农业技术普及中心提供的数据整理而成。

表4-15　新务农人员经营内容一览表

经营项目	人数/人	比例/%
蔬菜种植	13	45
果树栽培	7	24
菇类培育	2	7
花卉	1	3
畜牧	3	10
多种经营	3	10

注:调查对象为2010年5月至2011年5月期间新务农人员。
资料来源:根据下伊那农业技术普及中心提供的数据整理而成。

2012年,农协对40名南信州农协管内务农1年及2年的新务农人员进行问卷调查,回收问卷13份。该问卷调查意在反馈新务农人员扶持政策的效果及存在的问题。在收回的问卷调查对象中,农家子弟有7人,城市下乡人员有6人,农家子弟7人中,20~30岁年龄段的有4人,30~40岁年龄段的有3人,全部为青年人,而城市下乡务农的人中,30~40岁的1人,40~50岁的4人,50~60岁的1人,与农家出身的新务农人员相比年龄偏大。

关于务农动机,农家子弟的回答多集中于"对农业感兴趣""换个工作环境"及"继承家业"等,城市下乡务农人员的回答一是向往恬静自然的农村环境,二是想以农业为谋生手段。在务农之前,1人上学,1人自主创业,剩下的人中除1人外全是公司职员,也就是说大部分人都有在其他产业从业的经历。在13人中,有10人有务农经历,城市下乡人员只有单一农作物栽培的经历,而农家子弟则拥有水稻、果树、蔬菜栽培等多方面经验。

第四章　中日农业职业教育结构的比较

第一节　中日农业职业教育宏观结构的比较

中日农业职业教育在宏观结构上有一个共同特点，即农业职业教育的社会需求很大，但农业职业教育为农业生产一线培养人才的机能不足，宏观结构严重失衡。历史上，中日两国农业面临的矛盾是人多地少，农业劳动力短缺长期被看作伪命题，农业职业教育并未得到真正重视，看起来办学规模不小，实际上培养不出多少种田能手。当前，在日本，农业劳动力短缺已是不容否认的现实，但在我国，这一矛盾还没有充分暴露出来，刘易斯的二元结构理论仍然很有市场，目前学界还在争论刘易斯拐点是否来临的问题。农业职业教育的社会需求有没有，到底有多大，这是关系办学方向的大问题，也是判断农业职业教育宏观结构失衡与否的依据。中日两国农业发展有不少共同点，工业化过程中农业职业教育的社会需求不是减少了，而是扩大了，中日两国的国情并不符合刘易斯的二元结构理论的基本假设，因而其适用性大打折扣。

一、经济结构转型与农业职业教育的社会需求

客观地讲，刘易斯并不否认发展中国家农业生产方式变革的总趋势，但是，他认为，这种变革是在工业化进行到一定阶段，即传统部门消除过剩人口后才开始启动，在这之前，传统部门劳动边际生产率为零，甚至为负，劳动供给是无限的。也就是说，只有当工业化减轻了农业承载的人口负担后，改造传统农业才有可能。显然，其理论隐含着这样一个假定，即工业现代化和农业现代化有先有后。由此引申出一个含义，即在劳动力使用方面，要优先满足工业的需要。

这一假定是不成立的，因为农业存在内生发展机制，在工业化的同时自身也在实现生产方式的转变。舒尔茨认为，传统农业落后的原因不在于劳动力过剩与否，而在于生产要素配置不合理，一旦引入新的生产要素，改善农业生产技术，就可以走出传统农业均衡，而这有待于农民素质的提高。就连刘易斯本人后来也不得不承认农业存在内生发展的可能，以及农民素质在其中所发挥的作用。在 1976 年发表的《发展与分配》一文中，他指出："……几乎可以肯定在传统部门的人们当中会有人创造性地对现代化的新挑战作出反应。这当然要耗费一段时间，因为需要学习……"①

农业不仅有内生发展的可能，而且这也是工业化的客观要求。1961 年拉尼斯与费景汉合作建立的二元经济模型修正了刘易斯理论的一大缺陷，认为在现代部门扩张过程中，传统部门劳动边际生产率并不总是为零，当它为正值，但低于现代部门的制度工资时，农业劳动力仍会发生转移，但是，这时农业劳动力的流出会给农业产出带来影响，从而使得农业剩余不足以供养

---

① ［美］刘易斯：《二元经济论》，施炜，等译，北京经济学院出版社，1989 年。

日益增加的工业人口，引起农产品价格的上涨。简言之，工业扩张带来了对农产品需求的增加，而农业劳动力转移对农业产出是有影响的，如果农业劳动力得不到保证，其生产是难以满足工业化要求的。

中日两国都是人口大国，"吃饭问题"是个大问题，农业不能拖工业化和城市化的后腿，农民素质的提高是夯实农业的基础。中国约有13亿人口，是最大的发展中国家，日本有1.2亿多人口，在发达国家中是仅次于美国的人口大国，与庞大的人口数量相比，两个国家的可耕地面积并不多，历史上吃饭压力大，这与刘易斯所考察的非洲、拉美的一些国家的情况是不一样的。在工业化过程中，食品消费数量和结构的变化，粮食消费持续增长，肉、蛋、奶在食品消费中的比重明显增加，工业化时期也必须是农业大发展时期。

但是，无论是在中国，还是在日本，在工业化过程中都不同程度地存在忽视农业的现象，其突出的表现是，不考虑农业的实际需要，无限制地从农村抽取劳动力。中日两国农村劳动力的转移规模和速度在人类史上都是罕见的，短时间内农业人口严重流失，老龄化加剧。虽然日本农村教育普及率及农民整体文化程度高，但农业劳动力老龄化对农业劳动力供给及农业发展带来了极大的负面影响，目前日本农产品自给率已经降到40%，这不能不说是一个教训。我国农民不仅文化素质低，人口老龄化问题也很严重，虽然庞大的农村人口基数暂时掩盖了农业劳动力短缺的矛盾，但随着老年农民高龄化，农业劳动力有可能出现断层。很难想象占世界人口近1/5的中国农产品大半依靠国际市场供应对世界政治与经济会造成多么大的冲击。目前，我国也出现了农业自给率下降的苗头，国家也很重视，画了红线。就现状而言，农业劳动力文化程度低，老龄化问题严重，如在劳动力配置上只考虑工业扩张的需要，不兼顾农业，出现与日本类似的农业危机不是没有可能的。

二、农村劳动力转移与农业职业教育的社会需求

刘易斯模型有一个严格假定，即传统部门劳动力在质上是没有差别的，一律是"不熟练劳动力"，这些"不熟练劳动力"工作的目的就在于维持生计。这一假定是不符合实际的。

传统部门劳动力并不就是"不熟练劳动力"。马克思指出，不同生产部门的劳动性质是熟练还是不熟练，在很大程度上是社会观念的产物。他说："高级劳动和低级劳动，熟练劳动和不熟练劳动的区别，是一部分以幻想为基础。至少，我们可以说，是用一种已不现实，已成为传统因素的区别作基础。还有一部分，则以这种事实为基础，即劳动阶级的某数阶层要比别的阶层更弱小，更不能要求自身劳动力的价值。"[①]农业不是一个不需要多大技能的产业。亚当·斯密曾经说过，"事实上除了所谓美术及自由职业，恐怕没有一种职业像农业那样需要种种复杂的知识和经验的。用各国文字写成的关于农业的不可胜数的书籍可以证明，连最有智慧、最有学识的国民，也不认为农业是最容易理解的。……此外，必须随天气的变化及许多意外事故而变化的操作方法，所需要的判断与熟虑，比永远相同或几乎完全相同的操作方法所需要的多得多"。[②]

劳动者总是有差别的，年纪有大有小，文化程度有高有低，生产经营能力有强有弱。面对复杂的农业劳动，不可能每个人都干得一样好。特别是在向现代农业转变过程中，企业家精神在农民素质中具有非同寻常的意义。这一点，不仅为舒尔茨所强调，就连刘易斯也不否认。他承认在传统部门并非所有人都

---

① 马克思：《资本论》，上海三联书店，2009年。
② ［英］亚当·斯密：《国民财富的性质和原因的研究》上卷，商务印书馆，1979年。

对"现代化的新挑战"麻木不仁,也会有人做出反应,而是否做出反应在某种程度上是与教育培训分不开的。之所以做出劳动力无差别这个假定,根源还在于刘易斯看不到在工业化过程中农业有内生发展的可能,以及优秀劳动力在其中所起的作用。在他的眼中,在发展中国家经济转型的相当长时期内,传统部门发展是停滞的,劳动力在这当中发挥的作用是没有多大差别的,无非是在重复传统的生产方式。

中日两国农业劳动力转移具有特殊形态,不能忽视质的差别,只从量上比较劳动力在工农、城乡之间的配置合理与否。工业资本雇佣结构是以知识青年为中心展开的,中国和日本农村劳动力转移有一个带有普遍性的现象——"离土不离乡",即家庭一部分劳动力外出务工,老人和妇女耕种留在家里耕种小块土地,大规模转移使得农业劳动力急剧老龄化,这是刘易斯所没有想到的。

农业劳动力并非都是过剩的,对发展农业和农村经济而言,有志于农业的优秀人才多多益善。刘易斯不仅回避不了农业劳动力存在质的差别的事实,同时也意识到了传统部门人力资本的缺乏是引起现代部门与传统部门非均衡发展的深层次原因,认为"对社会低层人员潜能开发的缺乏,常是增长速度提高的更大妨碍,也是引起不平等的更为主要的原因"。由此,刘易斯陷入了不可克服的矛盾之中:他的二元经济理论把农民转移归因于农业劳动生产率低,归因于农业人口过剩,而在此处,他又揭示了另一个事实,即农民人力资本储备不足是其生产率低的原因。刚才还站在舒尔茨的对立面,现在则又倒向其论敌的怀抱。

刘易斯并不否认,要对留在传统部门的"低层人员"进行教育培训,以改变经济发展不均衡的状态。姑且不谈受过培训的人是否愿意留在农业上发挥作用,问题是,假如留下来的尽是些

"389961"部队，那教育培训又能在多大程度上改善农民素质呢？当今日本农村经济丧失活力，耕地抛荒，农业机械投资过剩，农业比较效益低下，虽然早就过了所谓"刘易斯拐点"，但农村青壮年人口仍在流失。这对我国而言难道不是前车之鉴？

三、农业劳动力再生产与农业职业教育的社会需求

农业劳动力过剩与否不能静态地加以看待，只看存量，不作必要的补充，难免会陷入断层危机。刘易斯只关注农业劳动力短期供需平衡问题，而回避了长期均衡问题。事实上，这是回避不了的。劳动力再生产是社会再生产的前提条件，不仅包括现有劳动者在劳动过程中所消耗的劳动能力的恢复和更新，也包括劳动人口的培养补充，世代更替。马克思指出："劳动力所有者是会死的。因此，要使他不断出现在市场上（这是货币不断转化为资本的前提），劳动力的卖者就必须'像任何活的个体一样，依靠繁殖使自己永远延续下去'。因损耗和死亡而退出市场的劳动力，至少要不断由同样数目的新劳动力来补充。"[1]考虑到农业经营规模化的需要，农业人口在一定时期内有减少的趋势，用于替补的新劳动力少于退出生产的劳动力也无不可，但前者总要保持适当的比例。

问题是，中日两国都不得不面对这样一个现实，在大规模转移过程中，农业人口年龄结构失衡加剧，这给其正常的新陈代谢带来障碍。日本的这一矛盾暴露得比较充分，二战后，工业化吸收了大批农业劳动力，其结果是，农业上出现了青壮年不足与中老年人过剩同时并存的现象，目前充当农业劳动主力军的高龄农户陆续退出生产，而后备劳动力接续不上。更为严重的是，这个矛盾与总人口"少子老龄化"的结构性矛盾叠加在一起，解决

---

① 马克思：《资本论》第 1 卷，人民出版社，2004 年。

的难度进一步加大。

刘易斯之所以只谈总量关系，而不考虑结构问题，是因为他信奉劳动力市场的神奇力量，收入会自动调节劳动力余缺，而且这种调节是不存在时滞性的，一旦收入上去了，不愁没人干农业，所以，担忧将来"谁来种田"纯属杞人忧天。在这里，他忽视了这样一个事实，即劳动力生产是有周期性的，即如农业之类的"不熟练劳动力"也不例外，除了要有生产技术、经营头脑外，更需要兴趣和爱好，这些无一例外少不了教育的熏陶和培养。在传统农业中，这些能力的培养是在家庭内部完成的，子女从小跟随父母在田间劳动，父母手把手相教再加上自己在劳动中感悟，如此，若干年后成了种田的好把式。现在，农村父母想方设法让子女读书，舍不得让他们下地干活，农业生产技能难以在家庭内部世代相传了，正规的学校制度可弥补这一空缺，遗憾的是，农业职业教育并没有起到应有的作用。教育是影响几代人的事情，把多年来的耽误弥补过来，不是一朝一夕的事情。

四、农业发展模式与农业职业教育的社会需求

中日两国农业发展模式有别于美国，不可从资本的需要出发来看待农业劳动力的多寡。刘易斯从资本主义谋求利润最大化的角度来看待农业。在他看来，传统部门之所以"传统"就在于劳动生产率低，农业是发展中国家最大的传统部门，农业现代化的最终目标就在于提高劳动生产率。正是在资本农业的思维模式下，刘易斯把改造传统农业简单地等同于耕地面积的扩大。他强调人地关系矛盾，认为农业边际生产率低下的罪魁祸首是土地少，人口多，有限的土地面积制约了生产率水平的提高。

中日两国农业传统上讲究的是精耕细作，面积狭小的耕地承载了庞大的人口，其农业首要者不在利润，而是吃饭问题。不同的国家资源禀赋是不同的，有的国家劳动力丰富，而土地、资

206

本紧张,而有的国家资本雄厚,劳动力紧张,有鉴于此,所选择农业发展道路也是不一样的。[①] 以劳动生产率来衡量农业的发展水平在美国是适用的,因为美国土地面积广大,而人口压力不大,考虑土地产出问题不是很迫切,相对于资本和土地,那里劳动力相对紧缺,用工成本高,提高劳动的使用效率是比较合理的选择。而在人多地少的国家,吃饭问题是大事,与劳动生产率相比,更重视提高土地利用率。

现代农业与传统农业的区别不在于耕种规模的大小,而在于生产方式的不同。随着生产力水平的提高和农业生产的组织化,小规模的家庭经营可以容纳先进的生产方式。工业化和城市化所带来的食物需求结构的变化为农户在小块土地上从事多种经营创造了条件。农户在既有土地上搞多种经营,可以收到范围经济的效果,这也是规模化经营一种形式。在新的经营方式下,劳动投入与产出关系发生改变,单位土地面积上能够吸纳更多的劳动力。就人口众多的发展中国家而言,在农业上不重视发挥劳动力的比较优势,光靠发展工商业能否实现充分就业也是有争议的。刘易斯在把农业劳动力供给看成无限的同时,把工业部门对人力的需求也当成无限的了。其弟子托达罗对他的乐观表示了怀疑,认为依靠工业扩张并不能完全解决发展中国家的就业问题。

农业具有多功能性,除了满足人们的食物供给需要外,还要考虑国土保持、吸纳就业等多方面的问题。我国是人口大国,人的活动与资源、环境之间始终存在着紧张关系,发展农业除了要考虑吃饭问题外,还要考虑环境承载力的问题。中日两国创造了独特的农耕文化,其特征是充分发挥人力优势,走永续农业发

---

① [日]早见雄次郎,[美]弗农·拉坦:《农业发展:国际前景》,商务印书馆,1993年。

展的路子。稻鱼共育就是很好的例子，这既增加了土地产出，又有利于生态环境。但是，工业化、城市化肆无忌惮地抽取农业劳动力，农业上不适当地以资本替代劳动，化肥、化学农药 除草剂的过度使用加剧了农业污染，带来了严重的生态灾难。过去的 30 年是经济高速增长的 30 年，也是农村劳动力大规模转移的 30 年。今后，经济能否保持高增长具有很大的不确定性。单纯增加要素投入，包括劳动力投入来推动经济增长是不可持续的。随着经济发展模式的转型，就业压力加大，发展农村经济，增强就业弹性也是一条好路子。而要达到这一点，就需要培养更多的农民致富带头人。

第二节　中日农业职业教育微观结构的比较

中日两国农业职业教育的微观结构有共同点，也有差别。个体需求不旺、相关院校生源不足，这是相同的地方；不同之处在于，日本摆脱了学历教育的束缚，我国仍然没有脱离这个轨道，在办学机制上我国走的是市场化的路子，日本则带有指令性计划的色彩。毕竟日本在发展农业职业教育上是走在我国前面的，目前在日本"谁来种田"问题很突出，全社会对农业职业教育有反思，有些新的举措在实施，相对而言，我国也存在类似的矛盾，但暴露得不够充分，日本的经验教训对我国也有很强的借鉴意义。

一、个体需求与收入有关系，但精神因素不可忽视

我们的调查表明，中日两国在这一点上有相似之处，即农业职业教育的个人需求并非完全是由收入来左右的。日本对农业有高额补贴，农民收入接近社会平均收入水平，农村基础设施完备，环境优美，为吸引青年人务农，政府出台了相应的收入补贴

政策,但是,45岁以下年龄段的新务农人员仍然在减少。同样我们在国内的调查也表明,青年人远离农业并非都归因于收入低。目前,日本已经意识到这一点,除了物质刺激外,还试图在精神激励上做文章,以吸引更多的新务农人员。但是,把收入作为影响人们做出某种职业选择的唯一的(准确地说是起决定性作用的)因素,这一观念在我国有相当大的影响。很多人认为职业教育就是生计教育,比如,黄炎培就认为职业教育无非就是授人以技,让读书人掌握谋生的本领。时至今日,生计教育的主张仍然占主流,尤其是在经济学界。有一位搞农业研究的资深教授坚持认为,农业劳动力问题是一个伪命题,现在之所以没有多少人愿意干农业,根本原因在于收入太低了,一旦收入水平上去了,很快就会有人去干。

主流经济学把人看成受经济利益驱使的"抽象"的人,他们从业的动机就是谋求金钱利益的最大化,市场这只"看不见的手"调节劳动力供需,劳动力工资是价格信号,在它的调节下,市场能够达到出清的状态,劳动力需求既不会出现短缺,也不会出现过剩。早先,亚当·斯密就是持这样的观点,他说:"学会这种职业的人,在从事工作的时候,必然期望,除获得普通劳动工资外,还收回全部学费,并至少取得普通利润。而且考虑到人的寿命长短极不确定,所以还必须在适当期间内做到这一点,正如考虑到机器的比较确定的寿命,必须于适当期间内收回成本和取得利润那样。熟练劳动工资和一般劳动工资之间的差异,就基于这个原则。"在他看来,人们从事职业就是获取金钱,而为此参加必要的教育培训的最终目的是为了获取更多的金钱。[1]

---

① [英]亚当·斯密:《国民财富的性质和原因的研究》上卷,郭大力,王亚南译,商务印书馆,1979年。

刘易斯和舒尔茨在谈论发展中国家经济转型过程中农业劳动力是否过剩的问题上持对立立场,但是在有一点上是相同的,即人们从事某种职业是为了追求收入。在这一点上,舒尔茨的看法与亚当·斯密如出一辙,舒尔茨用人力资本的概念对此做了进一步阐释,认为人们投资教育培训与投资物质资本一样,将来可以得到相应的经济上的回报。刘易斯认为,人们选择职业的原则无非就是追求收入的最大化,他们不是考虑某个职业所能带来的绝对经济利益,而是比较不同职业之间的利益差别。人们之所以不愿待在农村从事农业,是因为城乡收入和福利待遇的差距造成的。他驳斥了人们向城市迁移是由于向往城市生活的观点,强调导致这种迁移的根源是收入因素。他说:"另外的一些人认为由于一些使农村人发现了城乡生活的事物导致了人口迁移:农村人认识到城市生活充满生气而农村生活却沉闷呆板,这种观点好像也难以成立。如果农民能在农村得到和城市同样的收入,他们就会留在农村不走。因为生长于城市里的人不喜欢乡村生活,同样,土生土长的乡下人对城市生活也同样不感兴趣。"①刘易斯把农业上留不住人的根本原因归结为劳动报酬低,而这又是由劳动生产率上不去所造成的,而劳动生产率低的问题又出在劳动力过剩上,说到底,只要工业化水平提高了,二元经济结构消失了,到时候,收入低的问题、劳动力短缺问题就都不是问题了。

生计主义的最大的缺陷是,把人不是作为有思想、有感情的人来看待,而是作为一种抽象的"人",彼此的生活追求和趣味没有二致,都是追求个人物质利益的最大化。这种把人简单化的思维可能对分析某些经济问题是有帮助的,但是,至少在讨论

①　[美]威廉·阿瑟·刘易斯:《二元经济论》,施炜,谢兵,苏玉宏译,施炜校,北京经济学院出版社,1989年。

人们的职业选择时是会犯错误的,把一个复杂的、立体的事物简单化为平面的东西。马斯洛是把人作为活生生的人来对待的,因而他从心理学的角度来谈论人的需求问题,提出了人的需求多层次理论。他认为,人的不同层次的需要是同时存在的,但是,在不同的时期,人满足各种需要的迫切程度是不同的,但是精神生活是人的本质特征。黄炎培的观点是针对当时读书人只注重书本知识,而不注重实际技能而言的,意在鼓励读书人学点真才实学。但是,生计问题只是表象,根子出在读书人的立场上,即他们读书不是为了谋求实业,而是抱着"学而优则仕"的想法。

如果把职业与谋取金钱画等号会带来很多负面影响。陶行知早就揭示了这种危害性。他认为,假使把工作当作饭碗来考虑,那么,可以混饭吃的手段很多,偷窃扒拿也不例外,那么职业的社会意义又何在? 更要紧的是,假使吃饭就是为了混口饭,那么,一旦家境殷实,生活宽裕,那么,又何必费精劳神出来工作,莫如坐享其成。[①] 农业是直接与大自然打交道,虽然现在农业机械得到了广泛应用,但是农业劳动仍然是艰苦的。随着生活水平的提高,职业选择的多样化,甘愿从事野外繁重劳动的青年日益减少。

日本的经验表明,在职业选择多元化的时代,不能把农业劳动单纯看成谋生的手段,而应该将其看成实现个人职业理想的选择,只有让全社会,特别是青少年体验农业,熟悉农业生活方式,才能让更多个性和特长与之相匹配的人认同农业的价值,萌发农业职业理想。农业职业教育不能重"器"不重"人",只强调知识和技能的培养,而忽视人的价值观的塑造,失去没有价值方

---

① 陶行知:《生利主义之职业教育》,《陶行知全集》第1卷,四川教育出版社,1991年。

向的知识和技能的学习是没有目标和动力的。有鉴于此,有必要打破农业职业教育面向特定人群的局限性,使之融入普通教育,甚至是幼儿教育中,加强对青少年农业职业观念的培养,唯有如此,才能为扩大农业劳动力队伍提供坚实的社会基础。

二、农业职业教育有必要摆脱学历教育的束缚

日本农业职业教育曾经走的是学历教育的路子,但是效果不彰,后来逐步转向普通教育与社会教育两条腿走路,普通教育重在培养青少年对农业的兴趣,社会教育则帮助有志于务农的人熟悉农业技能,也就是说,日本农业职业教育已在很大程度上脱离了学历教育的轨道。如此办学虽然看起来默默无闻,但润物细无声,从事农业职业教育的机构,如农业专门学校规模虽然不大,但学生大多是面向农业基层的。而在我国,对未来从事农业的青年人进行岗位培训的教育形式一直没有离开学历制度,农业职业教育属于教育分流的一部分。新中国成立后大办农业中学,提倡生产劳动与教育相结合就是这个思路,当时教育普及程度不高,一部分小学生升不了学,到农业上去劳动又缺少技能,通过在农业中学学习后补上这一课,改革开放后也是这个思路,当前,我国农业职业院校虽然办得红红火火,但实际效果不佳。学生及其家长关心的是有没有学上,拿什么样的文凭,至于学的东西是否对将来务农有帮助,则鲜有问津,因为其目的不在务农上,如此,学习内容与学习目的脱节,办学效果可想而知。中日两国的实践表明,依靠学历教育,农业职业教育的路子只能越走越窄。

学历社会把人作为工具,把人纳入因才适用的轨道,不是让人们从自己的意愿出发选择职业,而是按照人的学历等级来安排工作岗位。有这方面愿望的人不见得就肯来上,而对农业没有兴趣的人因上不了好学校,不得不屈尊俯就,其接受农业职业

教育的目的不在于将来务农，而是拿文凭，以便另谋他就，学历教育使得农业职业教育的个人需求与其社会需求脱节。教育的分流机制加剧了教育发展的不平衡，同时不利于向农业输送高素质人才。

高学历造成了"过度教育"，教育资源浪费。陶行知曾经说过，农校所培养的学生将来是要当农民的，作为即将要当农民的知识分子，必须具备三个方面的素质，即要有农民的身手、科学家的头脑、社会改造家的精神。在商品农业发达的时代，还要加上一条，即企业家的灵魂。从事农业除了有生产技能之外，还要有强健的体魄。学历教育培养的是善于读书的人，弱不禁风、死读书的、唯书是从、缺乏批判精神的人，哪里有科学家的头脑？学校教育生产个体的等级差异，助长了人们的竞争心理和个人主义行为，打破了个体和群体发展之间的联系，不利于人们在职业过程中的相互协作，哪里谈得上社会改造家的精神？企业家的才能要具有冒风险的勇气和动力，学校教育教会学生事事有标准答案，不敢越雷池一步，企业家才能又从何而来？

我国农业职业教育有"关门办学"的倾向，专业门类多而细，书本知识灌输多，而在生产现场实践少，受教育者只知道一些理论上的条条框框，没有实际的经营体验，对下到农业生产一线去创业缺乏信心，农业职业教育有教育无职业，在培养方式上，与普通教育混同起来。在普通教育极为普及的今天，职业教育不在于学多少，而在于所学知识能够用多少。农业是与自然界和市场打交道的产业，作为实践者，理论是死的，只有与劳动对象朝夕相处，才能真正体会其规律，把死的理论与活的实践结合起来，学会用所学知识去分析问题，解决问题。所以，农业职业教育不能局限在书本上，局限在校园内，有必要深入到生产实践中，深入到农家去，以便让所学者学以致用，用有所长。日本农业职业教育实行的是"开门办学"的方针，在农业专门教育中，发扬"实学教育"的传统，寓教于生产现场劳动中，干中学，学中干，引导有志于农业的人到先进农家研修，让他们获得农业经营的实感，缩短与农业经营现场的差距，这些都是我国可以借鉴的有益经验。

三、市场化不是出路，政府责任要明确

日本农业职业教育办学是政府计划指令下的产物，规模虽然不大，但却没有脱离为农业服务的轨道，教学内容和方法都是从培养农民的角度考虑的，学生从中能真正得到知识，掌握本领。而在我国，市场氛围很浓，农业职业教育被异化为教育商品生产的工具，其办学行为与政府的农业政策目标相互脱节。相关院校嘴上说为满足社会需求而办学，实际上是盯上就学者带来的财源，以此来壮大学校资产，谋求教职工个人福利。学校成了文凭的生产机器，成了向非农产业输送劳动力的中转站，有农业职业抱负的人在这里很难得到真才实学。这样的学校不是以人为本，而是以物质利益为本，很难成为农业职业者职业成长的摇篮。商业化的学校与政府官员结成利益共同体，上下其手，一方面吃学生，另一方面吃国家财政。表面上，办学红红火火，但实际效果不彰，徒费学生家长和国家的资金投入。所以，把农业教育推向市场是不适当的。

办好农业职业教育是农业政策的组成部分，国家要明确责任。在日本，虽然农业职业教育在农村基层小区域办学，但资金由中央和都道府县政府集中统筹，办学条件优越。在我国，实行"分灶吃饭"的教育财政体制，基层政府、落后地区财力薄弱，虽然有来自上级政府的转移支付，但是，筹集农业职业教育经费是力不从心，县及县以下负担的部分萎缩，省及地市负担的部分条件优越，这不可避免地造成人才过分向上层集中，而基层空虚。

财政资金的投入有必要讲究效果，不可重学不重用。日本

过去做得也不好，财政投入大，但培养不出多少新务农人员。目前，日本改变资金投入方向，由单纯资助技能培训，转向扶持两头，一是技能培训前的职业兴趣培养，二是技能培训后务农政策支持，也就是说，贯穿于农业职业者职业成长的全过程中。日本有完善的农业经营政策扶持体系，比如，农业金融和农业保险体系完备，农协等农业组织体系的存在极大地稳定了农产品市场，再加上对新务农人员的各项补贴政策，可以说，有志于农业的人到农村去创业环境是宽松的。目前，这些措施成效初见端倪，这说明，财政资金已用在刀刃上了。

我国财政投入效果也不佳，长期以来把重点放在学校办学投入和资助学生上学上，不重视普通教育和幼儿教育中的农业职业教育投入，不重视对受教育者务农给予必要的扶持，造成想学农业技能的人上不来，学有所长者难以下到工作岗位上去，虽然办学红红火火，但对提升农民素质帮助甚微。目前，在我国，社会上有"厌农"情绪，农业劳动力流失严重，农民组织化程度低，金融、保险、流通体系不健全，农业经营风险大，农业从业者难以有与其劳动价值相称的收入保障。显然，要扭转农业职业教育萎缩的局面，不能把眼睛盯在相关技能培训机构身上，一味花钱扶持，而有必要从农业劳动力职业成长的角度出发，把政策重点放到两头，提高社会对农业的认识和兴趣，营造有利于务农的制度环境。唯有如此，才能真正用好财政资金，实现满足个人职业成长和农业人才培养双丰收。

结　语

　　农业劳动力过剩不是绝对的,受工业现代化的推动,农业生产方式也在发生革命,农业不能只输出劳动力,还要引入知识青年,以改善农民素质,以适应农业的变革,满足农业劳动力新老交替的需要。农业不是为资本谋求更高利润服务的,除了生产粮食外,还要兼顾生态平衡、就业等诸方面,不能仅以劳动生产率高低来论劳动力过剩与否,欧美"大农业"的发展模式不能简单地套用到中国头上。

一、工业现代化和农业现代化不存在一先一后的问题,农业本身有内生发展的要求

　　客观地讲,刘易斯并不否认发展中国家农业生产方式变革的总趋势,但是他认为,这种变革是在工业化进行到一定阶段,即传统部门过剩人口被吸收干净之后才开始启动,在这之前,传统部门劳动边际生产率为零,甚至为负,劳动供给是无限的,而农业是发展中国家最大的传统部门。也就是说,只有当工业化减轻了农业上承载的人口负担后,改造传统农业才有可能。刘易斯的二元经济理论是建立在工业现代化和农业现代化有先有后这样一个基础之上的,从中不难引申出这样一个含义,即传统

部门要优先保证现代部门的劳动力需要。

刘易斯的这一理论假设存在一个重大缺陷，即否认农业存在内生发展机制，否认农业通过改良生产要素配置，在工业化过程中同步实现生产方式的自主变革。舒尔茨则提出了相反的看法。在舒尔茨看来，传统农业落后的原因不在于劳动力过剩与否，而在于生产要素配置长期处于低水平的均衡状态，生产要素的供给和技术条件长期保持不变，一旦引入新的生产要素，就可以走出传统农业均衡，实现向现代农业的转变。那么，如何改善农业生产要素配置，实现现代农业呢？舒尔茨给出了明确的答案，即提高农民素质。

早见雄次郎等人则揭示了发展中国家农业内生经济增长的途径及农民在其中所起的作用。他们认为，农业技术进步是农业发展的推动力，一个国家要根据自己的资源禀赋选择合适的技术路径。符合国情的有效技术传播需要技术推广人员对农民的需求做出恰当反应，而农民也要有采用新技术的动力和能力。

农业内生发展不仅是可能的，也是必要的，是工业化的客观要求。与刘易斯模型相比，1961年拉尼斯与费景汉合作建立的二元经济模型有一个大的创新，即认为在现代部门扩张过程中，传统部门劳动边际生产率并不总是为零，当它为正值，但低于现代部门的制度工资时，农业劳动力仍会发生转移，但是，这时农业劳动力的流出会带来农产品供给的减少，从而使得农业剩余不足以供养工业劳动者，引起农产品价格的上涨。一言以蔽之，农业劳动力的持续流出会危及粮食安全，农业生产上不去，工业也难实现可持续发展。

工业现代化与农业现代化有先有后的观点不仅在理论上是站不住脚的，而且也被实践证明是错误的。改革开放以来，我国工业化进程加速，适应于工业化所带来的食品消费数量和结构的变化，粮食消费持续增长，肉、蛋、奶在食品消费中的比重明显增加,由此带动了农业生产方式的转变,农业生产日益向商品化和专业化方向发展,农业机械使用得到普及,专业农户、家庭农场及农民专业合作社等新型农业组织大批涌现,这些都是眼前正在发生的事情。工业现代化和农业现代化应该是同一过程的两个方面,不存在一前一后的问题。我国还处于现代化进程中,农业生产方式大的变革才刚刚开始。劳动力是生产力中最活跃、最革命的因素,生产方式的革命首先是人的革命。在经济转型过程中,农业劳动者的素质能否跟得上农业生产方式的变化是一个不容回避的大问题。

二、农业劳动力存在质的差别,不能不加区分地把农村劳动力都看成过剩的

刘易斯的模型有一个严格假定,即传统部门的劳动力在质上是没有差别的,一律是"不熟练劳动力",这些"不熟练劳动力"工作的目的就在于维持生计。这一假定是与事实不相符合的,无论在哪个部门中,劳动力总是有差别的,年纪有大有小,文化程度有高有低。他的这个假定否定了劳动力结构的改善在农业生产方式变革中的意义。新古典经济学从不否认技术进步在生产中的作用,认为技术不是单独的生产要素,而是内化在资本和劳动中发挥作用的。刘易斯的经济模型或者是把技术进步忽略掉了,或者是把技术进步当作外在于劳动的东西,所以,他不认为劳动力质的改善会对传统农业的转型有多大帮助。

刘易斯断言传统部门的劳动是不熟练的,这是错误的。不同生产部门所需要的劳动力是否熟练并非有一个客观标准,很大程度上是社会观念的产物。事实上,很少有人断言,农业是一个不需要多大技能的产业。刘易斯不是不知道劳动力存在质的差别。在一篇文章中,他承认在传统部门并非所有人都对"现代化的新挑战"麻木不仁,也会有人做出反应。同时,他也不否

认传统部门人力资本的缺乏是引起现代部门与传统部门非均衡发展的深层次原因，认为"对社会低层人员潜能开发的缺乏，常是增长速度提高的更大妨碍，也是引起不平等的更为主要的原因"。所以，他也提出了要对仍然留在农业上的"低层人员"进行教育培训，但是，其初衷并非完全是替农业着想，而是出于对穷人的怜悯，希望借助于教育培训，改变贫穷的命运。比较收益决定劳动力配置，这是二元经济论的核心命题之一。据此，教育培训的效果不见得就在农业部门体现，而有可能随着传统部门劳动力的转移，跑到了现代工业部门里去了。在这里，刘易斯搬起石头砸了自己的脚：他的二元经济理论把农民转移归因于农业劳动生产率低，归因于农业人口过剩，而在此处，他又揭示了另一个事实，即农民人力资源储备不足是其生产率低的原因。这样，他又站到了他的论敌舒尔茨的那一边。说到底，刘易斯还是个实在人，他说出了发展中国家的实际情况：经济发展是不平衡的，工业资本雇佣结构是以知识青年为中心展开的，转移出去的农村人口素质高，对发展农业和农村经济而言从来就不是过剩的。

近年来，我国农业劳动力经过大规模的转移，素质出现了明显下降，与此同时，各级政府无不在强调发展现代农业，在他们的眼中，现代农业是和农地的流转与集中经营相联系的，面对农业劳动力素质下降，他们不以为然，对培养农村青年仍然没有予以必要的重视。这种"见物不见人"的倾向是不利于建设现代农业的。

那种把农业部门作为调剂城市就业的劳动力"蓄水池"的观点是非常有害的，这是典型的城市中心论的思想。当经济景气时，无限汲取农村劳动力；当经济不景气时，再把就业包袱扔到农业上。说到底，把农业作为劳动力"蓄水池"实际上是以牺牲农业为代价，来支撑工业和城市的繁荣。

三、农业劳动力过剩与否不能静态地加以看待，还要考虑到正常的新陈代谢需要

劳动力再生产是社会再生产的前提条件，不仅包括现有劳动者在劳动过程中所消耗的劳动能力的恢复和更新，也包括劳动人口的培养补充和世代更替。刘易斯只看到农业劳动力的总量关系，而忽视了这当中还存在年龄上的结构问题。

日本的情况表明，这样的假定是危险的。人多地少是日本的基本国情，长期以来减少农业人口被当成了衡量经济发展的指标。二战后，工业化吸收了大批农业劳动力，其规模之大、速度之快在人类历史上是罕见的。这样的变迁给农业劳动力带来了深刻的结构性矛盾，青壮年不足与中老年人过剩同时并存。这一矛盾不断恶化，正一步步把日本农业逼向危机。历史上农业人口外流所导致的结构性矛盾将在今后 10 年集中爆发，更为严重的是，当前农业接班人不足的矛盾与总人口"少子老龄化"的结构性矛盾重叠在一起，这更增添了问题的解决难度。

在当今的日本，老龄化现象不仅发生在兼业农户和自给农户身上，在专业农户身上也很严重。专业农户家庭"空巢化"在农村很普遍，随着年事渐高，经营后继无人的专业农户不得不缩小规模，向兼业农户，甚至向自给农户转化，专业农户流失严重。其结果是高龄农户退出生产后，大量农田因无人接手经营而出现撂荒现象，农业规模化经营并没有因农业人口减少而出现明显进展。随着农业人口的自然减少，出现了不少难以维系的村落，农业和农村所具有的诸如提供农产品、保全国土环境和传统文化的功能全面退化。这表明，扩大经营规模并非从根本上消除农业劳动力结构性矛盾。同样，增加农业收入也并非万应灵药。其药效离不开这样一个假设，即劳动力供给完全是受劳动力价格调节的，只要价格合适，供给量就会增加以适应需求的变

化,这当中不存在时滞性。显然这个假设是不成立的,因为劳动力生产是有周期性的,即便是刘易斯所说的"不熟练劳动力"也不例外。在日本有一个矛盾的现象,即一方面存在失业,甚至有大学生因长期找不到工作而沦为"城市浪人",另一方面农业上劳动力缺口巨大,目前青壮年农业人口仍然在流失。劳动力供求机制在这里缺乏解释力,可能的解释是劳动力生产环节,也就是教育上出了问题。长期以来,日本把职业教育的重点放在技能传授上,而忽视了职业价值观的熏陶,而这方面的教育需要从人生的早期开始。虽然现在日本已经意识到这个问题,把农业职业教育延伸到青少年阶段,但历史上的欠账非一朝一夕所能补上。目前,我国农业劳动力老龄化问题也开始显现,虽然,谈不上严重,但有必要未雨绸缪,及早重视培养青年农民的工作,防止农业人口结构性矛盾恶化。

四、农业不是为资本谋求更高的劳动生产率服务的,不能以此来取舍劳动力

农业首先是满足人们的食物供给需要,此外还具有文化传承、国土保持等多方面的功能。劳动生产率只是衡量农业活动合理与否的诸多指标中的一个,提高劳动生产率是手段,不是目的。刘易斯把手段当成了目的,在他看来,传统部门之所以"传统"就在于劳动生产率低,农业是发展中国家最大的传统部门,农业现代化的最终目标就在于提高劳动生产率。相对于资本和土地,劳动力过多是农业劳动生产率在低水平徘徊的主要原因,所以,发展中国家农业要想实现现代化,消除过剩劳动力是不可或缺的环节。这一过程完全是市场选择的结果,劳动生产率必然反映在工资水平上,只要农工之间在工资收入上存在差距,农业劳动力就要发生转移,直到农业取得与工业同等的劳动生产率为止。

刘易斯从资本主义谋求利润最大化的角度来看待农业,在他的眼中,劳动生产率高低是判断种田是否有利可图的唯一标准。他把现代部门看作"资本主义"的部门,而传统部门是劳动者实现自我雇佣的"维持生计"部门,他用"资本主义"的尺度来衡量"维持生计"部门,得出的结论是消灭"维持生计"部门。因为在他看来,工资价格引导"人往高处走",哪个生产部门收入高,劳动力就往哪个部门跑,最后的结果是"维持生计"部门的资本主义化。

正是在资本农业的思维模式下,刘易斯把改造传统农业简单地等同于耕地面积的扩大。他强调人地关系矛盾,认为农业边际生产率低下的罪魁祸首是土地少、人口多,有限的土地面积制约了生产率水平的提高。他所讲的生产率是劳动生产率,而不是土地生产率。以劳动生产率来衡量农业的发展水平在美国是适用的,因为美国土地面积广大,而人口压力不大,考虑土地产出能否养活美国人的问题不是很迫切,相对于资本和土地,那里劳动力相对紧缺,用工成本高,提高劳动的使用效率对他们来讲是比较合理的选择。而在人多地少的发展中国家,吃饭问题是大事,与劳动生产率相比,更要重视提高土地利用率。刘易斯考察的对象不是欧美,而是人多地少的发展中国家。他并没有对症下药,而是给他的考察对象开出的美国方子,用美国的"大农业"发展思路来给他们改造传统农业出谋划策。

以资本的逻辑来经营农业,土地能否得到充分利用以养活过多的人口是令人怀疑的。农业的劳动对象——耕地虽然可以通过人力加以整治,但由于自然的限制,很难像工业标准件那样均质化,有的耕地离市场远、肥力不足,有的耕地在山区,不便于集中耕作,即便是在适宜耕作的大平原,也还有耕作不经济的边角地。根据经济学原理,农产品的价格是由劣等地的生产成本决定的,也就是说,所有可供耕作的土地都能得到充分利用,不存在撂荒的现象。但是,这里有一个严格的假定,即市场是封闭的,不考虑有来自国外低价农产品的竞争。在经济全球化的时代,这个假定是不现实的。如果按照劳动生产率来衡量,那些在大宗农产品价格上没有比较优势的国家,很容易受到冲击,其国内农产品价格并不总是按照本国劣等地的生产成本来确定。如果不设置贸易壁垒,在世界农产品生产过剩时,农产品价格必然会压得很低,以至于从事劣等地经营的农民无利可图,受城市高工资的诱惑,从而放弃耕作。从资本盈利的角度出发,在这些国家,并非所有的耕地都是适合耕作的。在这里,资本所追求的劳动生产率与土地利用率显然是不一致的,两者发生了冲突。

中国是一个大国,任何时候,解决吃饭问题始终要把立足点放在自己身上。解决吃饭问题,不是不要手段,而是看要采取什么样的手段,要让手段服务于目的,而不是让目的服务于手段。单纯追求更高的劳动生产率显然不是我国农业发展的方向,不能照搬美国的思路,以劳动生产率为标杆来取舍劳动力,而要以是否能解决吃饭问题作为判断农业劳动力配置合理与否的标准。

五、农业劳动力过剩从来就不是绝对的,而是与各国选择什么样的农业现代化道路相联系的

刘易斯为发展中国家指出了农业现代化的出路,那就是搞农业规模化经营。当然不光刘易斯有这样的看法,更早期的西方学者包括马克思也持相同的看法。农业规模化经营到底是什么?这是首先要搞清楚的。在那些学者的眼中,农地规模化经营就是把耕地集中到少数大企业主手上,用大机器来耕作。其结果是农业上出现马克思所说的"机器吃人"的现象,也就是在生产要素配置上以资本替代劳动。

这种看法是典型的西方中心论,把欧美国家农业作为标杆

来丈量其他国家。不同的国家资源禀赋是不同的,有的国家劳动力丰富,而土地、资本紧张,而有的国家资本雄厚,劳动力紧张,有鉴于此,所选择农业技术进步路径也是不一样的。对前一类国家而言,技术进步的方向应该是提高土地和资本产出率,以此来充分利用所具有的优势资源。那种简单地把发达国家的农业技术简单地移植到发展中国家的做法,会导致发展中国家资源错配。

农业规模化经营与其说是单纯的耕地面积的扩大,莫如说是种植方式的革命。"大农"与"小农"的区别不在于耕种规模的大小,而在于生产方式的不同。随着生产力水平的提高和农业生产的组织化,小规模的家庭经营可以容纳先进的生产方式。工业化和城市化所带来的食物需求结构的变化为农户在小块土地上从事多种经营创造了条件。农户在既有土地上搞多种经营,可以收到范围经济的效果,这也是规模化经营一种形式。在新的经营方式下,劳动投入与产出关系发生改变,单位土地面积上能够吸纳更多的劳动力。

对中国这样的人口大国而言,劳动力丰富不仅是工业的比较优势,也是农业的比较优势,只强调前面一点,回避后面一点是不全面的。我国农业不是没有比较优势,这个优势就在劳动力投入上,比如,蔬菜、瓜果等劳动密集型农产品在国际市场上很有销路。我国的传统农业有很多好的做法,归结起来就是注意发挥劳动力的比较优势。稻鱼共育就是很好的例子,这既增加了土地产出,又有利于生态环境。当前,城市中出现了"用工荒",农业上不适当地以资本替代劳动,以便从中抽取面临枯竭的青壮年劳力。化肥、化学农药、除草剂的过度使用加剧了农业污染,带来了严重的生态灾难,而传统农业中一些好的做法被抛弃,受制于人力不足,稻鱼共育、稻鸭养殖技术很难大面积推广。

就人口众多的发展中国家而言,在农业上不重视发挥劳动力比较优势,仅靠发展工商业能否实现充分就业也是有争议的。刘易斯在把农业劳动力供给看成无限的同时,也把工业部门对人力的需求当成无限的了。其弟子托达罗对他的乐观表示了怀疑。在他看来,农业劳动力进城市并不都能找到工作,城市中是存在失业的,农业劳动力向工业部门转移的动力不仅取决于城乡实际收入水平的差异,还决定于城市的就业概率,即取决于城乡预期收入水平的差异。概言之,依靠工业扩张不能解决发展中国家城市普遍存在的失业问题,农村劳动力盲目流动会把农村的隐性失业转移到城市,加重了城市的负担,并导致不必要的人口迁移成本。有鉴于此,托达罗认为,解决的良策还是要回到积极发展农村经济,提高农业生产力,以此来缩小城乡差距。

过去的 30 多年是经济高速增长的 30 多年,也是农村劳动力大规模转移的 30 多年。今后,经济能否保持高增长来维持高就业率具有很大的不确定性。单纯增加要素投入,包括劳动力投入来推动经济增长是不可持续的。随着经济发展模式的转型,一些技术含量低的行业发展空间缩小,有必要拓宽就业渠道,吸纳从中分流出来的劳动人口,而到农业上去也不失为一条路子。我国有必要走自己特色的农业发展道路,培养更多的青年农民致富带头人,增加农业就业弹性。近年来,随着制造业向海外转移,日本发展接续产业作为新的增长点,农业就是其中之一。日本政府希望推广生态农业,凭借高质量农产品来改善农业竞争力。中日两国国情虽然不同,但日本的做法对我国还是有启示意义的。

附　录

农职(院)校学生问卷调查

亲爱的同学:

您好!这是一项有关农业职业教育个体需求状况的调查问卷,通过本调查可以帮助我们了解农业职业(院)校中受教育者的一些基本情况。您的参与对我们的调研非常重要。我们承诺:本调查纯粹用于研究目的,我们将秉持职业操守,对您在问卷中透露出来的所有信息严格保密。除本研究人员外,其他任何人都不会接触到您的问卷。因此,请您根据实际情况认真填写。谢谢您的合作!

一、个人基本信息

性别:＿＿＿＿＿＿＿　　　　出生年月:＿＿＿＿＿＿＿
目前就读的学校:＿＿＿＿＿＿　所学专业:＿＿＿＿＿＿＿
年级:＿＿＿＿＿＿　　　　　　预定的学习时限:＿＿＿＿＿
就读前最高学历:＿＿＿＿＿　　毕业时的学历层次:＿＿＿＿

二、选择题。请将正确选项的序号填写在空格内。(注:除非特殊说明,只能选择一个答案)

1. 您的家庭户口背景＿＿＿＿＿＿＿＿

(1)农业户口　(2)非农户口

2. 您的父亲目前主要从事何种职业?＿＿＿＿＿＿＿＿

(1)农村种养业　(2)务农　(3)个体经营　(4)私营企业主　(5)企业中、高层管理人员　(6)公务员或事业单位工作人员　(7)其他＿＿＿＿＿＿＿＿(自主填写)

3. 您的父亲的文化程度＿＿＿＿＿＿＿＿

(1)大学本科或本科以上　(2)大专　(3)高中或中专(4)初中或初中以下

4. 您的母亲目前从事何种职业？ _____

（1）农村种养业 （2）务农 （3）个体经营 （4）私营企业主 （5）企业中、高层管理人员 （6）公务员或事业单位工作人员 （7）其他 _____（自主填写）

5. 您的母亲的文化程度 _____

（1）大学本科或本科以上 （2）大专 （3）高中或中专 （4）初中或初中以下

6. 您是否是独生子女？ _____

（1）是 （2）否

7. 家庭年均收入总额大约是多少？ _____

（1）5 000元以下 （2）5 001～10 000元 （3）10 001～20 000元 （4）20 001～50 000元 （5）50 000元以上

8. 您的家庭总收入中，来源于哪几个部分（填写时按收入比重高低排序） _____

（1）农业经营收入 （2）工资性收入 （3）个体、私营经营收入 （4）财产性收入 （5）转移性收入

9. 入学之前，您从事过农业劳动吗？ _____

（1）基本没有干过 （2）偶尔帮帮忙 （3）没有独立干过，但经常帮忙 （4）独立从事过农业生产，但时间不超过半年 （5）独立从事农业生产且时间在半年以上

10. 做出这样的就读选择，最终是由谁决定的？ _____

（1）自己 （2）父母

回答"父母"的同学不必填写第11和12题。

11. 那您为何选择上这个专业？（可选择多个选项） _____

（1）该校招生人员动员 （2）其他好学校、好专业上不了 （3）学费比较低 （4）中学老师推荐，碍于情面 （5）对农科专业感兴趣 （6）录取分数不高，入学门槛低 （7）可以拿到

12. 现在您对当初做出这样的选择后悔吗？ _____

(1) 是 (2) 否

13. 家里人对您上这个专业持什么态度？（可选择多个选项） _____

(1) 读啥不重要,关键是能拿个文凭 (2) 孩子成绩不好,只能将就读这个 (3) 学费比较低,合算 (4) 将来能混到个饭碗 (5) 自己不懂,听学校老师说不错 (6) 孩子有兴趣就好 (7) 有学上总比没学上好

14. 上农业类或涉农专业,您是否觉得低人一等？ _____

(1) 是 (2) 否

15. 您将来回农村去工作吗？ _____

(1) 不回 (2) 回

回答"回"的同学不必回答第 16 题。

16. 您为什么毕业后不选择回农村工作？（可选择多个选项） _____

(1) 被人瞧不起 (2) 家人反对 (3) 好工作难找

(4) 没有发展前途 (5) 生活不方便 (6) 生活枯燥

(7) 难找对象

17. 您将来想从事农业吗？ _____

(1) 想 (2) 不想 (3) 没想好

回答"不想"或"没想好"的同学不必回答第 18~20 题。

18. 你将来在农业领域的就业方式是什么？ _____

(1) 受聘于农业企业 (2) 到专业合作社工作 (3) 进农技推广部门 (4) 当乡村干部 (5) 自主创业

第 19 题仅限第 18 题回答"自主创业"的学生回答。

19. 你自主创业的目标是什么？ _____

(1) 种养大户 (2) 农业科技服务 (3) 农产品运销、加

工 （4）农资销售

第 19 题选择"种养大户"的同学不必回答第 20 题。

20. 你为何不愿意当种养大户？（可选择多个选项）_____

（1）没兴趣 （2）经验不足 （3）缺资金 （4）风险大 （5）农地流转困难 （6）太辛苦 （7）收入低 （8）不想留在农村

21. 你觉得在校期间所学知识对你今后从事农业有帮助吗？_____

（1）帮助很大 （2）帮助不大 （3）没有帮助 （4）不知道

第 21 题选择"帮助很大"或"不知道"的同学不必回答第 22 题。

22. 你为什么觉得帮助不大或没有帮助？_____

（1）理论跟实际联系不上 （2）实践课太少 （3）实习时间少 （4）没有独立操作的机会 （5）老师水平太差